如何走好你的学术之路

[英] 唐·J. 韦伯 **Don J. Webber** 著 向帮友 译

HOW TO ENHANCE YOUR RESEARCH

100 Practical Tips for Academics

资深学者的100个实用建议

北京日报出版社

图书在版编目（CIP）数据

如何走好你的学术之路：资深学者的 100 个实用建议 /（英）唐 · J. 韦伯著；向帮友译 .—北京：北京日报出版社，2024.7
ISBN 978-7-5477-4924-1

I. ①如… II. ①唐… ②向… III. ①学术研究—研究方法 IV. ① G304

中国国家版本馆 CIP 数据核字（2024）第 071768 号

北京版权保护中心外国图书合同登记号：01-2024-2045

如何走好你的学术之路：资深学者的100个实用建议

责任编辑：曲　申
特约编辑：周陈奕晖
装帧设计：马　帅
排版制作：胡凤翼

出版发行：北京日报出版社
地　　址：北京市东城区东单三条 8-16 号东方广场东配楼四层
邮　　编：100005
电　　话：发行部：（010）65255876
　　　　　总编室：（010）65252135
印　　刷：天津光之彩印刷有限公司
经　　销：各地新华书店
版　　次：2024 年 7 月第 1 版
　　　　　2024 年 7 月第 1 次印刷
开　　本：880 毫米 ×1230 毫米　1/32
印　　张：9.5
字　　数：220 千字
定　　价：79.00 元

推荐序：走心的学术，务实的方法

不用说，学术——尤其是人文社科领域的学术——与写作有着千丝万缕的联系。一方面，很多学术成果是通过写作、发表而得以确认的；另一方面，同为人类智力活动，学术与写作本身也有精神相通之处。比如，从方法学角度讲，写作强调“文章有法”但“文无定法”，这与学术研究既有共通范式又强调个性探索基本一致，而如何将“有法”与“无定法”分梳明白，则成为写作与学术在方法学层面的共同难题。由于“有法”之“法”来自人类经验的历史传承，“无定法”之“法”则源于实际情况的千变万化。因此，一本成功的方法论著作总是离不开用心的梳理总结与自觉的现实关切。

唐·J. 韦伯教授的《如何走好你的学术之路》就是这样一本有心、务实的方法之书。有心，首先表现在其对学术初心的强调与坚持。韦伯教授反复申明，学术研究是为了“揭示和澄清知识”而不是“自我陶醉”。通过对数十年来不同学者及自身经验的归纳、总结，韦伯教授积极倡导培育一种有助于全体成员共同发展、互帮互助的“研究文化”，充分体现了“学术乃天下之公器”的价值观。其次，全书共计十部分、一百个建议，乍看给人一种“大珠小珠落玉盘”的目不暇接之感，实则背后有其严密的逻辑体系。这十部分内容基本上依照“学术研究的前期准备（第 1 部分）—构思、方法与思维的实践拓展（第 2 ~ 4 部分）—同行交流、协作与成果产出（第 5 ~ 7 部分）—学术与现实世界及社会工作的联系与互动（第 8 ~ 10 部分）”的逻辑线条编排，在展现其通俗自然而又不失严谨的学术著述理念与讲述风格的同时，也为当代学界贡献了一个独具特色的著作体式。

与许多有识之士一样，韦伯教授对为项目而项目的功利主义和闭门造车等两类研究倾向持坚决批判的态度。在他看来，学术的根本目标是解决社会难题、造福人类，因此，学术不可能脱离社会现实，“研究必须融入生活”。这一认知基础奠定了本书的务实基调与方法论取向。学者要服务于社会，首先需认清作为社会成员的自己，其次是了解身边的同事、同行和学术界之外的人们。因此，研究者一方面要坚持自我反省，时刻注目自己的“心流”，让研究过程“变得愉悦”，另一方面也要关注他人的意见与诉求，使自己的成果经得起考验并为人所知，尽力推动其社会应用的落实。书中的一百个建议正是围绕上述两方面，手把手地引导学者展开自我反思，培养协作意识，探寻互动机制，充分体现了其批判性思维的特征与魅力。

无论对于学术研究的初学者，还是拥有一定经验的年轻学者以及学术带头人、研究机构的管理者来说，本书都可以成为其学术成长与方法困境中的“指南车”。这本文不甚深、词不甚俗、常读常新的走心之书，值得有志于学术的诸位读者一读再读。

杨果

南方科技大学人文科学中心写作与交流课程教研室主任

2024 年 7 月 2 日于南科大人文楼

目　录

CONTENTS

第二部分

你会在最意想不到的时候找到灵感

第四部分

额外培训能扩展思维

第五部分

同行与协作

113

第六部分

会议

第七部分

期刊循环：审核并提交论文

163

第八部分

教学

第九部分

学术研究跟外部资助的工作息息相关

第十部分

影响

223

前言：我们该如何加强研究？

为何有的学者在从事研究活动时更加成功？研究者可以参加哪些活动来提升自身和其他人研究的质量？学术带头人能激励同事提高研究产出吗？

本书提供了良好实践并提出建议，旨在提升你自身和同事的研究潜能和成就。它基于几十年来学者的经验、观察、反思、指导、建议和我本人经历、观察、听说或采用过的隐蔽的及公开的实践和激励因素。我听取了多所高校和研究所里备受尊敬的同行的意见并向他们学习，而且曾经以教授、院系学术带头人、系主任、临时系主任、研究者和同行的身份将很多学习成果付诸实践。本书总结了这些建议、观点和教训，希望提高人们的意识：我们有机会有目的地共同提升社会研究成果的质量。

本书呈现了可能影响研究行为、增强学者社会规范的 100 条建议和举措。一些建议是根据与研究者谈论他们工作中的经验、乐事、沮丧、反思和 / 或成就得出的；一些建议是根据研究者谈论对他们和其他人研究成果的真实和 / 或察觉到的障碍及促进因素得出的；一些建议是根据我自身的经历得出的，也有一些建议是根据院系的观察得出的，尽管是出于善意，这些院系试图推行旨在支持研究的结构，但是却无意中阻碍了研究[1]。

个人研究者和学术带头人都可以采用这些实用建议和举措。很多建议都简单易实施，但常常遭到忽视、轻视，甚至其真正的好处无法受到认可。一旦优先考虑这些建议，它们就能为个人研究者和相互关联的学科内及跨学科的研究文化带来巨大利益。通过本书，我希望激励研究者和学术带头人跟同事讨论这些举措，从而加强个人研究活动和改善院系研究面貌，最重要的是，提升我们对整个社会科学的理解速度和准确性。

本书的主要论点是什么?

我认为，我们周围经常需要有这样一群人：他们出于支持的目的而挑战我们，让我们如饥似渴地学习知识，提升我们的好奇心，为我们提供大胆想象的学术自由，并积极鼓励我们。研究必须融入生活，如何融入生活会影响你的进步速度。那些将研究融入生活中最彻底的人，最终会成为各自领域内资历最深、知名度最高的领军人物。研究者受到情感和智力支持后，会感觉更有能量、更加兴奋，更有动力去从事更多优质研究。要取得进步，你需要网络的支持和正确的个人态度。支持性、有建设性批评的工作环境能提升员工的幸福感（Lopes, 2011）[2]，而在有利于自主性发展和个人成长的组织里，个人的幸福感也会更高（Turban and Yan, 2016）[3]。

与此相关联的是意图悖论。那些快乐地享受研究之旅、拥有内在信息和可实现目标的研究人员，可能是最有成效的。重要的并不是他们的幸福和动力跟实现这些目标相关联，而是他们的幸福和动力跟实现这些目标的过程相关联。要让过程变得愉悦，研究者就必须觉得研究是有意义的。事情要有意义，你就要看到它的目的。你研究的目的完全取决于你：你要知道自己对什么最感兴趣，你想贡献哪些学术意见让研究过程变得愉悦。这样的话，当你被拒稿或者收到反对的评审报告时，才会义无反顾地继续向前。研究者应该反思研究过程中哪些东西会让自己产生“心流”——是什么给自己一种全身心投入手头事情的精神状态，让自己感到精力充沛、聚精会神、全心投入——而且要确保自己知道“心流”消失后该如何找回来。

你一旦找到了“心流”，就会意识到工作不仅会为你带来最多快乐，而且会变成非凡的、引人入胜的兴趣。你会喜欢跟同样痴迷于某个主题的人共同前进。你甚至可以同步自己的努力，协调自己的活动和时间表，以及让研究活动社交化。有同事在相似的道路上并肩作战，能强化你的目标感和个人“心流”。丹尼尔·卡尼曼（Daniel Kahneman, 2012）[4]在《思考，快与慢》（*Thinking, Fast and Slow*）一书中开玩笑，你独自一人可以跑500英里[①]，但是如果你的

① 1英里约为1.61千米。——编者注

“阿摩司”① 陪伴你的话，你可以再跑 500 英里。

学术带头人要知道如何帮助个人保持或者回到“心流”状态。我学到的关于研究的最重要的两点：一是我们必须毫无保留地喜欢研究，这样才能做出重要贡献；二是我们几乎每天都应该磨炼研究之旅，才能确保在研究生活中获得“心流”带来的创造性和想象力。当你全身心享受研究，拥有内在动力时，你会变得十分高产[5]。你越喜欢某件事，就越想去实践它。坚持能加强实践，实践得越多，你就越擅长某件事[6]。

我们都曾遇到过这样的学者——他们由于受到糟糕的管理和行政职责[7]的影响，变得士气低落、灰心丧气，似乎接受了这样的现实：他们再也没有能力从事研究。他们似乎已经放弃，认命自己的学术生涯充满沮丧、不称心如意。他们的“心流”被严重扰乱，不相信自己还能体验到“心流”状态。这些学者周围要聚集一些令人振奋、鼓舞人心的同事，给他们希望，让他们相信自己能实现抱负[8]。实际上，马斯洛（Maslow, 1943）[9]的需求层次理论表明，管理者能创造条件，让研究者产生抱负，并推动他们实现这些抱负。在本书中，我认为，创造这些条件不仅是学术带头人的职责，还是研究者及其同事的职责。这不仅是为了达到自我实现的顶峰，还是为了获得个人和学术成长与发展的普遍成就感和机会：学术带头人的作用必要但不充分，因为同事会在院系里将学术带头人的作用改善并放大。

如果你足够幸运，院系里具备以下研究文化，那么你就会知道，

① Amos，前八世纪的希伯来先知。——编者注

你们能为彼此的热情和能量提供源泉，迭代并培养研究文化，为取得成功增添动力，创造、维持并强化院系的研究动力。

- **具有内在动机**、专注于某项事业的学者
- 具备以集体为中心（而非个人主义）的态度，并对学科具有强烈**归属感**的同事
- 对研究和彼此持**支持**的态度
- 对研究和彼此持**相互尊重**的态度
- 具备在学术自由的前提下从事研究的**赋能**态度

本书提出了向同事灌输这些研究文化特征的方式，前提是他们愿意接受这种指导。书中还提出了一些方法，以增强院系中学术研究者的内在动机、归属感，以及表达支持、相互尊重和赋能的态度。

向任何一名成功的研究者询问他们是如何取得如今的成就的，他们往往会用以下一种或两种方式回答。

（1）他们尚未实现自己的潜能，因为他们很爱钻研，在探索的道路上还有很多东西要学，还要做出很多贡献。

（2）他们从同行、同事和大众那里获得了重要反馈和指导，使他们能辨别自己的疏忽，社会交往和反馈对推动他们的发展至关重要。

我们最亲密的合作者是指导我们的研究成果、兴趣和能力的最伟大顾问。他们擅长提供支持性、批判性、具有洞察力的有用反馈。是的，这些反馈有时候会令人沮丧，也许难以忍受，但是我们迟早会意识到，他们是出于好意，且观点具有洞察力，如果我们理解他

们的反馈，并适当地回应，就能改进自己的研究。我们从学术大家庭里获得了大量支持，才能取得大量成就。

单凭一己之力是无法实现高效率和高效益的。

瑞典尽管只有一千万人口，却是创新和科技中心。最近的调查结果显示，这种倾向可能跟不鼓励炫耀财富、社会反对对成功的揭露和等级制度瓦解有关。在竞争性压力点较少[10]的环境下，基于需求的合作似乎更多，而且这些压力点能提升表现[11]，人们认为你只要跟其他人一样努力工作，境况就能好转[12]。与此类似，高产的研究小组必定团队内部团结一致，所有研究者都致力于实现目标，利用自己的学术自由追求研究兴趣，感觉有能力承担自身的责任，鼓励彼此同样这样做，而不会感到自卑或者担心无法完成。主动且成功的研究者会重视这种同事关系（如果他们意识到的话），不想丢下这种文化，否则，他们就会失去自己的身份和幸福源泉[13]。

本书的目标读者是谁?

本书主要有两类目标读者：首先，我推荐想知道如何提升自身研究质量的人去阅读。其中包括刚接触社会科学研究的人，研究产出速度下降但希望重新提升速度的人，以及想在高排名期刊上发表论文的人。其次，我强烈推荐社会科学中负责提高同事研究产出的人阅读此书。

我有幸遇见的最了不起的资深研究者往往都十分开放、善于合作、平易近人，而且他们非正式地承担了大量指导任务，热心关照同事。因此，令人遗憾的是，这些学者中的许多人都太过谦逊，不愿意担任系主任或者学术带头人。这些重要的研究者具有广泛的非正式人际网络，研究者经常会跟他们进行非正式聊天，因为他们不会对研究人员妄加评论，而是对研究活动提供支持性、建设性批评意见和鼓励。根据我的观察，优秀的系主任能起到模范作用，知道该如何协调和起用同事。因此，从院校外部招聘系主任对任何人而言都充满挑战性。

本书也适合想让其他学者的工作变得更加愉悦的学者阅读。要想让工作变得更加愉悦，重要的是有能力分配更多时间用于横向思考。横向思考需要对内容和不同观点的相关性频繁进行反思和心理操练。这就要求人们愿意深入挖掘这些观点，并吸收思想。

最后，本书还适合那些喜爱自身工作，已经很高产，但是想知道自己有多么幸运，该如何让其他新晋研究者和 / 或有经验的研究者同行同样喜欢研究的学者阅读。当我们达到“心流”状态[14]，研究就变成了愉快的旅途。这种“心流”能激励我们突破自己的创造极限，全身心投入能改善社会的研究活动中。

我们为什么要从事研究？

你不单是为了自己从事研究活动，也不是为了其他研究者从事研究。你从事研究活动是为了帮助揭示和澄清知识。一旦学术界认识到这点，而且有些学科会比其他学科更加抵触这一点，那么知识创造中的仪式性成分就会降低，取而代之的是我们会激励和培养研究的工具性部分。我们对文献做出的微薄贡献能提升我们的理解，使我们对世界的认识和理解更加全面。自从潘恩（Paine）进入科学和研究领域并写下《理性时代》（*The Age of Reason*）[15]以来，我们就认识到，这才是研究者该有的正确心态。我们研究和创造科学知识，是因为我们想要提升对世界的整体理解，我们进行研究并不单单是为了满足个人好奇心。

在支持性的研究文化中，重要的是要意识到，你的同事并不是你的竞争对手！他们是你的合作伙伴，你们有共同的目标，那就是发现新知识。本书强调了创建和维持研究文化的重要性，以及个人研究者和学术带头人采取支持性、积极主动和负责的行为在培养和强化学院研究态度方面的重要性。一旦你们集体创造和维持适当的研究态度和行为，你的院系就会获得研究"心流"——一种特定的集体心理状态[16]——在这种状态下，你的研究文化能使你表现最佳，并使你成为更广泛的研究群体中的建设性要素。

最后，本书强调了学术带头人在培养和提升其所在院系中发挥的重要作用，而要创造富有成效的研究文化，则需要个人魅力（不管是内向[17]还是其他）。尽管互联网和电子邮件加速提升了我们跟同事联系的能力，但这似乎在我们之间插入了一个楔子，我们已经不再优先考虑带着诚信以人道主义的方式进行有意义的联系。

培养动机

大多数学者并不是为了获得诺贝尔奖或者其他类型的重要奖项而入行的，而是因为他们意识到自己比较擅长某件事，他们对某件事十分感兴趣，并希望有所作为。这种现象并不新鲜：多兰和库德尔纳（Dolan and Kudrna, 2016）[18]强调，目标和愉悦感激励我们选择自己想做的事。一些动机是内在的，也有一些是外在的。

> 人们之所以不成功，不是缺乏力量，也不是缺乏知识，而是缺乏意志力。
>
> ——文森特·隆巴迪（Vincent Lombardi）

根据我的经验，内在动机和真实的个人兴趣主宰并推动了研究者参与研究活动，尤其是在长期研究活动中，尽管也会适当考虑外部相关因素。不幸的是，在英国和全球其他以英语为母语的地区，学术体系的发展轨迹似乎在朝着加强外在动机的机制上升，这种轨迹改变了研究者的关注点，减少了他们对研究的自然和内在驱动的参与和热情。

各项研究都揭示了财务刺激[19]对行为产生的影响，并强调任何有益影响（如果有的话）短期内都会消失。弗雷（Frey, 1993）[20]的研究表明，外在激励会排挤掉工人高士气对生产力的有利影响。阿莱利等人（Ariely et al, 2009）[21]强调，人们对激励机制和政策的很多理解都是错的，相关机制背后的基本假设出现了严重误导，一些外在激励机制实际上对生产力有负面影响，因为它们会减少人们的努力。阿莱利等人的结果有力地证明了财务（外在）激励会降低个人表现力，部分原因是它排挤掉了职业自豪感。

大多数激励机制也忽视和破坏了道德的重要性。创建个人财务奖励体系或其他旨在激励提升个人研究者生产力的架构，会排挤掉道德和研究的内在动机，打击学者的士气，让院系变得四分五裂，限制学术进步，并束缚更广泛的思想。这跟塞缪尔·鲍尔斯（Samuel Bowles, 2008）[22] 的观点一致。他强调，当激励措施损害了人们利他行为或其他公益行为的道德价值观时，这种诉诸自我利益的激励措施就会失败，这是经济激励措施和道德行为之间的一种消极协同作用。具体而言，鲍尔斯（2008，1605 页）认为，“经济激励措施可能会削弱人们遵守社会规范和为公共利益做出贡献的道德或其他理由”，而且，诉诸经济私利的政策会影响道德、利他主义和其他社会偏好的显著性。

外在激励措施鼓励研究者从事容易监控的任务，例如，记录发表成果，而不是对知识的实质性储备具有重要意义的工作，因为这些工作更难衡量，而且在出版时往往得不到充分重视，因此不可能在任何时间点有效地衡量其影响。 例如，研究管理者很容易衡量会议差旅次数和相关费用，但是参加会议带来的激励性效果及其对院系研究文化的溢出效应很难精确衡量，而且这些影响在不同院校之间也会存在差异。

一些研究似乎只是为了满足外在动机。诺塞克等人（Nosek et al, 2012）[23]、斯马尔蒂诺和麦克尔里思（Smaldino and McElreath, 2016）[24]

认为，院校的奖励架构和研究实践的文化传播，导致研究成果产生的重要性几乎可以忽略不计。社会力量鼓励人们在仪式上遵从一个学科对学究式的灵巧的期望——比如说要明显地说明自己有能力提出传神的数学公式——这并不一定有助于推动真正的社会科学思想或实践，反而会创造出一种排斥他人的语言。

阿莱利等人（2011，第 192 页）[25] 认为，激励机制的存在表明，院校并不信任其研究者的内在动机能有效运转。他们的研究表明，激励机制甚至会破坏组织的表现，因为它们可能会使真正有兴趣提升自身知识造福社会的研究者泄气。的确，加强外在动机可能会破坏研究和创新，尤其是在由内在动机驱动的个人研究活动常常有助于社会的时候。著名的案例是，蒂特马斯（Titmuss, 1970）[26] 的研究表明，付钱给献血者破坏了有关自愿献血的既有社会规范，使想献血的人数减少。与此类似，破坏研究者内在动机和他们社会善心之间的联系，就会鼓励研究者变得更加自私和目光短浅，从而使他们从事造福社会的研究的优先级降低。

真正内在驱动的兴趣能从根本上改变我们对研究活动的喜爱水平，防止我们在研究观点过于有挑战性时放弃研究。相比较而言，外在回报鼓励我们以越来越复杂的方式，频繁地做出明显的、微小的增量成就，以获得对我们众多贡献的认可。外在回报不鼓励我们研究对社会具有重大意义的内容，尤其是在社会上的知识市场优先推崇其他内容的情况下。创造外在奖励的政策最终会使成本社会化、利益私有化。

根据我的经验，大多数学术研究者都有内在动机造福社会，解决对社会有益的难题，但是尝试通过外在奖励激励他们，可能会破坏这种利他倾向，鼓励他们产出包含明显的仪式性细节的研究成果。我认为，如果我们鼓励的行为与仔细观察到的、对社会有益的、受到赞誉的内在动机相一致，那么，我们就能比使用与衡量标准、等级、金钱回报或其他市场强加的架构相关的外在动机获得更大的好处。

我的临时演讲台：支持与鼓励

大学必须创造这样一种院校环境：重视有经验的员工和经验不足的员工之间相互交流观点和技能。有些院校的研究者只能孤军奋战，几乎是在孤立无援的情况下进行研究。在另一些院校，文化竞争性极强，对合作和相互支持的行为不屑一顾，其理由往往来自研究评估工作的规则，即一篇期刊论文只能以一名驻地研究员的名义提交。这些竞争性文化可能对某些自恋型研究者有用（没错，绝对存在这类研究者！），但是当人们公开地、建设性地和批判性地讨论自己的研究，并且同事们看到这种做法带来的共同利益时，知识生产的进展就快得多。为同事提供建设性批评反馈的行为建立在提升研究质量这一主要目标之上。再者，最优秀的学者会积极从建设性批评意见中学习：他们看到其中的积极因素，感激收到的反馈。

最优秀的学术带头人既慷慨大方又富有同情心，他们已经知道，从情感上和智力上支持同事，需要大量时间、精力、耐心和毅力；

他们还知道，这种努力会得到回报。波克曼等人（Böckerman et al, 2020）[27]甚至发现，指导性支持与工作控制度存在明显正相关关系，员工的幸福感跟工作相关压力存在负相关关系。学术带头人（和系主任）有责任了解哪些因素推动和加强了同事的成就和奉献精神，而在院系中收集这种个人资料需要耗费大量时间。学术带头人必须抽出时间，而且必须允许他们有时间了解同事真正需要什么才能取得卓越成就，而这有时并不是初级研究者必然会提出的需求。除非别无他法，或者需要进行重大的结构性改革，否则不要从其他院系或大学招募学术带头人或系主任。系外的任命人员将需要几个月的时间来了解每一位同事的独特内在动机，他们的许多努力和成就肯定会不理想。

我们在指导博士生时，会很自然地扮演着学术带头人和培养者的角色。学术带头人有责任培养同行，这就是我们称为学术大家庭的原因。我们的最大利益应该是所有家庭成员都能从自身努力中获得满足感[28]。再者，就像最优秀的父母所做的一样，学术带头人为同行提供的支持必须无私可靠。研究者应该具备完全自由听从内心的天赋和直觉，当他们面对挑战或者想要提出观点时，应该感觉自己受到了支持，而不是感到恐惧。

> 伟大者探讨思想，平庸者探讨事件。
>
> ——安娜·罗斯福（Anna Roosevelt）

学术带头人必须乐善好施，想要激发出同事最好的一面。他们应该对同事的需求感到兴致盎然，了解同事碰到的（真实或想象的）障碍，主动想方设法帮助同事。学术带头人既要带领团队前进，又要以身作则。自我决定论的倡导者如德西和瑞安（Deci and Ryan, 2000）[29]认为，只有支持自主性、能力和相关性的条件才能激发内在动机。但是，有助于一个或者一群同事的行动，可能跟学术带头人自身学习技能时采取的行动完全不同。高效且反应迅速的学术带头人会观察、倾听、学习、理解、预测同事的需求并做出反应[30]。我在本书中倡导的内容很大程度上跟变革型领导相吻合[31]。我倡导学术带头人应该：

- 确保（不受外部资助的）学术研究自始至终是优先事项
- 提升人们对可以实现的高质量学术研究的认识
- 鼓励互惠互利地分享观点
- 培养相互支持与尊重的文化
- 使用每个人都能听懂的支持性、鼓舞人心的语言进行指导

这就意味着，最好的学术带头人：

- 有个人方法

  他们把人们看作个人和人类，而不是机器或者机器人。学术带头人要超出常规，让人们感受到欢迎和被尊重，是团队的一分子。

- 认识到每个同事对院系的潜在和实际有益影响

学者必然想带来有益影响，如果学术带头人能明确意识到这一点，那么同事就会感到受重视，会对团队做出更多贡献[32]。有些研究者由于内心存在不安全感、自尊心强，更加需要这种保证。

- 跟人面对面进行口头交流

  如果没有别的方法，可以用 Zoom 或者 Skype。但是要记住，只有当你处于同样的放松和非对抗性实体空间中，才能建立健康的关系。个人赞赏通过电子邮件传达的效果很差，在会议上传达也会令人尴尬。

我碰到过的最好的导师和领导者是迈克·坎贝尔（Mike Campbell）教授。迈克是一流变革型领导的典范，他向同事传达了十分积极的期望，通过培养我们的共同兴趣、激情和动机，同时挑战我们更加具有创新精神和创造力，激励、赋能并刺激我们所有人超越自身的表现水平。已故的迈克·坎贝尔教授为人谦逊，提倡社会公正，我们将永远怀念他。

周围人的行为会塑造你对他人的行为。当然，学习跟人沟通是从小时候开始的，然后贯穿我们的一生。然而，研究者跟自己的学术带头人早期和如今的交往经历，会影响和修正他们自己的人际交往行为。跟学术带头人的积极、扶持、支持性经历会让你心生愉悦，鼓励你帮助别人，不是为了得到感谢和被人认可，而是为了传递你已经感受到的有益氛围。这就是一种健康的、具有建设性批评精神的研究文化如何以可持续的、有益的、可扩展的方式自我复制。跟学术带头人或资深员工之间的消极经历（例如贬低、被动攻击或气话）只会怂恿你对同事的努力不屑一顾，给你留下不正确、可耻的优越感，让你不愿意帮助他人。实际上，不同学科似乎有不同的文化，因此对本书抱有不同的需求[33]。

本书坦然地基于这样的信念：一个拥有支持性和挑战性（而不是破坏性或恫吓性）领导的部门，具有很强的能力并重视相互尊重，其环境是开放的、欢迎的、非等级性的，而且能提供建设性批评，那么它不仅是一个愉快的工作场所，也是一个研究成果蓬勃发展的地方。这种观点并不新奇，因为布兰德等人（Bland et al., 2005）[34]已经大力推荐过。如果你将这些工作环境特征跟明确的、清晰传达的目标相结合，那么研究就会蓬勃发展（Ryan and Hurley, 2007）[35]。有实证研究结果表明，如果工作环境中工作量大，对横向思维缺乏体制性支持的话，就会限制学术生产力[36]。而其他研究强调，领导不公平、角色冲突和不平等会降低研究成果[37]。类似地，院校如果提倡反智主义氛围（Jacoby, 2009）[38]，就会破坏横向哲学思考。因此，对提高研究成果产出感兴趣的学术政策制定者，应该为研究者提供支持性、建设性批评的工作场所。我的一位前同事将支持性文化总结为：

> 知道你是经过深思熟虑的，充分理解你是做什么的，并认真地关心你的最佳状态。
>
> ——阿农（Anon）

在院系里实施这些价值观和规范很难，改善研究文化至少要花好几年时间，而且必须得到资深同事的支持和认可。它无法一夜之间实现，因为研究者的预期和工作方式必须朝着支持性、开放文化的过渡而不断发展。如果院系里的个人职能固定，不接受文化转型，那么改革努力就会无效。

智力是适应改变的能力。

——斯蒂芬·霍金（Stephen Hawking）

细小的改变能带来巨大利益（Thaler and Sunstein, 2008）[39]。资深研究者必须愿意并且开放地参与知识分享，支持资浅研究者。他们还必须愿意利用自身经验，阅读同事的论文并提供有建设性的和有深刻见解的反馈意见，通过为同事提供讨论研究的机会，以完全不歧视的方式对他们的想法提出有建设性和有益的质疑，从而激励和支持同事。资深研究者既要有充足的时间和资源来支持同事，又要有时间专注于自身的研究，这样才能做到以身作则。因此，学术带头人需要直属上司给予最大程度的信任、尊重和支持。面对同事，学术带头人必须谦逊、平易近人、适应力强、有说服力、提供支持和提出有用的批评。考虑到个别同事的个性和时间需求，学术带头人在回应这些同事的需求时，应巧妙地使用细致入微的语言。

资深研究者应该跟其他资深研究者合作，从而更新自己的研究知识和节奏。当资深研究者明显地进行合作时，他们的同事就会意识到，合作是善意的、对双方都有利的过程。学习有效平衡个人研究和院系领导技能需要多年经验积累，但是，将不具备这些技能的人提拔和任命为学术带头人，只会削弱研究文化。本森等人（Benson et al., 2019）[40]强调，最好的员工不一定是管理岗位的最佳人选，他们还质疑公司是会提拔最有潜力的管理者，还是提拔目前工作中最好的员工。学术带头人具备学术研究经验（有人可能会说这是显而易见的，但是我知道，这对有些人来说并不明显）。他们还要了解学术研究的考验和痛苦，指导资浅同事面对这些经历，因为没有这些经验的话，学术带头人就无法以身作则。

在有些院系，学术带头人感受到资浅同事的威胁，因为他们担心资浅同事会公开挑战他们的权威，因此会选择冷落资浅同事，而不是尝试激励和鼓励他们。这类人不应该被提拔到领导岗位，因为真正的学术带头人应该想让资浅同事超过他们（无论还需要多长时间），因为伟大的学术带头人的标志，就是让资浅同事快速进步，迅速提升他们研究的质量和影响力。请注意，重点词汇是“提升”，也就是指改变，而不是保持在同一水平，无论该水平有多高。优秀的学术带头人会创建包容性文化，促进同事按照最佳节奏提升。

> 我认为，我们不能以我们不做的事、我们自己否定的事、我们自己抵制的事和我们排斥的人来衡量我们的善。我认为我们必须以我们所接受的事、我们所创造的东西和我们所包容的人来衡量善。
>
> ——罗伯特·纳尔逊·雅各布斯（Robert Nelson Jacobs）

学术带头人应该想要他们的同事从学术带头人的强项和错误中学习。初级研究者（实际上包括所有学术研究者）都需要有人指导，来向他们展示不同的做事方式。这种指导包括，让他们知道犯错后会造成哪些后果，因为只有在推动研究边界时犯错，我们才能最终意识到如何更加高效地推动边界。热心和热情的研究者如果想加深他们的研究，就应该：

- 全身心融入研究文化中
- 突破自己的界限，做错事情，无论这些学习经历多么让人不舒服
- 和比自己更有想象力的人为伍
- 鼓励同事努力提升，因为只有周围的同事能力越来越强，你才能同样进步

> 如果你是房间里最聪明的人，那么你一定进错房间了。
>
> ——迈克尔·索尔·戴尔（Michael Saul Dell）

在个人层面，重要的不仅是你在特定时刻多么擅长研究，无论研究评估工作的含义如何。反而，我们应该积极考虑你可以变得多么优秀，可以做哪些事情来实现你的潜能。学术带头人最重要的角色，就是确保他们所有同事都能获得发展。

院系层面情况也类似：重要的不是你们集体多么擅长研究，而

是你们可以变得多么优秀，可以做哪些事情来确保你们都实现自身潜能。研究氛围应该充满活力和前瞻性，有清晰的目的和实施策略，能够提高质量，促进与政策相关的研究的可持续增长。我们学者有责任尽个人和集体的最大努力，通过增进知识和理解来回报社会对教育和培训的支持和投资。

小心翼翼前行

资深研究者（学术带头人和所有教授）共同造就了院系的研究氛围。他们的职责是以身作则，对协作持开放态度，提供建设性反馈、支持所有同事（不管他们在本体论或认识论方法上有何区别），而且很重要的是，同事如果需要帮助或建议，他们应该敞开大门欢迎所有同事。资深研究者的行动要么会让同事出类拔萃、取得成功，要么会在无意中挫伤他们的积极性，使他们表现欠佳。

院系在资深研究者的集体领导下取得进步的话，他们应该感到无比自豪和骄傲。如果院系表现欠佳，政策或者行动需要改变，或者学术带头人需要更换的话，资深研究者也应该集体承担责任。

一些研究者需要同事为他们打开大门，也有一些研究者会自己闯开大门。由于任命的资深员工具有不同的研究背景[41]、兴趣和关系网，资深员工肯定无法为所有同事敞开各种各样的大门。当一位同事认为自己获得的帮助不如其他人多时，不利和不公平的感觉就会弥漫整个院系。这时候，就有必要控制这种破坏性言论，要求所有资深员工合作[42]，区分这些（有意识或无意识）造成不和的行为，让院系重新团结起来，这样他们才能再次以相互支持的方式合作。

学术带头人和其他资深研究者可以不再向同事敞开大门，以免一些同事认为自己获得的支持更少而感到不利，变得灰心丧气。但是，这种做法完全错误。学术带头人应该尽可能对同事明确敞开大门，但当一些门仍然关闭或者同事们未看到打开的机会时，学术带头人也应该清楚地表明他们已经尝试过了。所有同事都要知道，大门只是偶然打开，要打开正确的门可能会花一段时间。耐心是种美德，但是同样需要相信并接受资深员工会积极支持所有员工，无一例外。遗憾的是，有些员工并不相信或接受这种看法，不管是对是错，他们变得好斗，提出自己的要求。

当然，人们的不安全感和需求感会随着时间变化而变化，如果学术带头人不够了解同事的话，这种变化可能不可预测甚至无法察觉。即使学术带头人的确注意到了变化，他们也可能会误解这种变化。这些学术带头人需要具备耐心倾听同事想法的能力和雅量，对同事敞开更多的大门或者纠正误解，从而回应同事的需求。

敞开不同的大门会对不同的同事带来不同的好处，但这往往是无法预见的。重要的是，要让员工们意识到，他们可以获得支持，而且资深员工正努力帮他们实现自身潜能。当人们不再感觉受到支持（这可能与他们真正得到的支持不同）时，他们往往会决定离开并加入竞争对手的研究机构。

让每个人都取得成功

有四个水平相互交织的责任共同创造卓越的研究文化。第一，资深研究者有责任创造支持性研究文化。第二，所有研究者的主要责任，是创造高质量实质研究成果。实现成功的研究生涯有多种方法，这些方法似乎在学科内部和学科之间、在事业中的地位以及研究人员和其他人对课题的热情程度方面都有所不同。第三，一旦你感觉自己的研究正在取得进步，那么下一步就要帮助同行移除阻碍进步的任何障碍，让同行发展自己的研究。第四，任何极度活跃的研究部门的顶点，都是确保每个人都相互支持和帮助，例如通过花时间相互阅读研究成果并提供反馈。如研究金字塔（图 0.1）所示，这些阶段是有层级和顺序的，顶部是所有同事都支持彼此的研究。

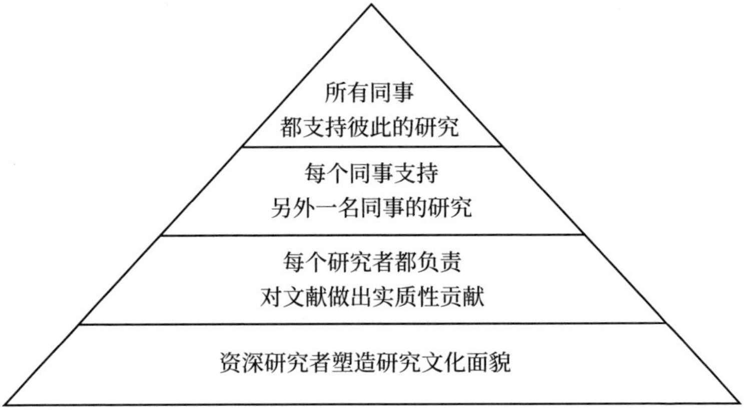

图 0.1　研究金字塔

如果研究者对自身研究负责，然后集体塑造研究文化，那么金字塔底部两层也许可以互换。如果学术带头人和资深员工在创造良性研究氛围方面表现差劲的话，这种做法是行得通的。金字塔顶部两个层级互换顺序也是有可能的，这时每个人都会帮助他们的同事，这可以改变天生自私和自我陶醉的同事的行为，使他们醒悟过来，以他人为榜样支持同事。新成员加入院系时，也会发生后一种情况。这种排序的部分原因是院系内部社会规范的力量。

研究者只有具备创造有效的支持性研究文化的技能和能力，才能被晋升到领导岗位。但是，那些负责任命领导者的人，似乎很少将这种关键的研究领导技能作为主要考虑因素。相反，通常情况是，人们获得晋升常常是因为自身取得的研究成就，而不是他们帮助其他人发展的能力。[43]

也许学术带头人的成就不是院系里其他人重视或尊重的类型（例如是在创收和优质学术发表物之间权衡）。成就类型跟研究价值观失配，会影响人们对特定类型研究重要性的认知，可能会使同事认为自己的研究不再受到重视。领衔研究者的满意度对于院系的外部认可度至关重要，尤其是在试图招募新的高素质员工时。但是，研究小组的发展和未来成就最终受到小组内其他研究者的士气和工作满意度的影响。[44]

大卫·斯宾塞（David Spencer, 2015）[45]对工作满意度的深入调查强调，对个人而言，重要的不仅仅是工作，还有使工作变得有意义的环境和组织。副校长、院长和副院长要决定并塑造院系的研究文化类型，然后招募合适的学术带头人践行文化，这也许是出于他们进行变革的愿望[46]。例如，这些资深员工是想创建实践社区[47]，还是一群竞争性的个人？一个成功的研究聚焦型团队需要有效合作，为了更大的利益而统一战线。

牛顿主义和达尔文主义的发展

那么，研究者该如何更好地开展工作？他们如何在研究方面变得更加出色？在这些文献中，有两种对比鲜明的主导观点。教育学观点指出，一个人有目的地学习一些东西，应用这些想法，再次应用这些想法，并在此过程中变得更有效和高效。一些律师、合同研究者、科学家等是这样做的：他们学习这种方法，然后运用这些观点。这种牛顿主义的立场对有些人而言成立，但是我不会对致力于为社会做出切实贡献的博士后社会科学家提供这一指导。

另外一种主导型观点是，人们并不是单纯地学习和重新学习，而是要进行自我反思，让自己摆脱通常立场的束缚，将自己从自身存在偏见的假设中解脱出来。你需要让同事指出你尚未意识到的差距。你要向跟自己想法不同的人学习。你需要将新信息融入已知信息中，然后利用这一新信息推动自己的社会科学调查。换言之，研究者需要保持自由、负责和自我批判的态度，以便构思和发展自己的观点。类似地，他们需要提供帮助，刺激同事反复思考自身的想法。

前面一种观点推动了研究道路的发展，但不一定是朝着研究者感兴趣的方向发展。它对合约型研究有用，是功能性的，也可以是工具性的，但是不一定会对知识的发展做出实质性贡献。不如尽量确保你对文献做出实质性贡献。研究者需要时间进行反思，也需要支持性的建设性批评反馈推动我们朝着有内在动机研究的方向发展。我们需要有人提醒什么值得做，什么事情重要，什么是有趣的，什么对社会有用，什么是卖弄学问。学术界有纯粹的学术研究，同样也有实践导向型研究。我们需要人们观察我们的研究，为我们提供建设性批评反馈，推动我们朝着正确的方向前进，即使这种助推会让我们感到不舒服。

> 先做正确的事，而不是做可接受的事。
>
> ——弗朗茨·卡夫卡（Franz Kafka）

看似偶然出现的助推可能会让人很不舒服，有时会让人尴尬，使我们不再想做某件事。之后用反思的心态重新思考这些助推，可以帮助我们朝着正确的方向前进，使我们最终变得更加强大。有些同事，即使他们的想法是正确的，但当我们在公开演讲时，例如在员工研讨会上或在会议发言时，他们似乎想通过贬低我们来获得加分。那些贬低人的同事之所以要这样做，是因为他们要自我感觉比你优越，因为他们缺乏自我价值。一些学术会议圈甚至将这种类型的行为刻在了他们的文化中[48]。听众知道，当某个傲慢的听众用贬低他人的方式提出和表述问题时，那么这个听众就是个浑蛋。听众会默默同情演讲者，然而由于受到遵守学术文化的社会压力的约束，他们可能不会承认这一点。但是，大多数听众会站在你这一边，想让你从所有人偶尔都会犯的错误中学习，因为他们曾经也处于你这个位置，而且他们会从经验中学习，不管这种经验让他们感到多么渺小。

> 杀不死你的，必使你更强大。
>
> ——成吉思汗（Genghis Khan）[49]

不管你周围的人多好或多坏，都要尝试找到自己内心的力量，承认并拥抱随时可能出现的善意批评。当你的研究导师信任你，毫无保留地相信你的能力和你最终会取得的成就时，那么你就应该相信自己能够发展和进步[50]。毕竟，人生中一些最有力量的教训只能以挫折的形式呈现。

> 人生中最大的荣耀不在于永不跌倒，而在于每次跌倒都能站起来。
>
> ——纳尔逊·曼德拉（Nelson Mandela）

本书结构

本书分为 10 个部分，每个部分包含 10 条建议。第一部分强调了对强大的研究事业以及打造积极、支持性和建设性的批评性研究文化至关重要的几点。这10条建议对于已经拥有这些特征的院系里成名的研究者来说，可能显得微不足道和次要，但是这些建议很容易被忽视、轻视。院系应该支持这些建议，把它们当作优先事项，并让所有同事都养成建议中的习惯。

接下来的三部分强调了个人研究者应该参与、学术带头人应该鼓励的实践。至关重要的是，学术带头人应该持续反思，同事是否在践行这些良好习惯，并评估自己是否可以帮忙加强这些活动。

再后面的三个部分聚焦于协作的好处，以及在提供和接受支持和建议时存在的各种隐蔽的和公开的合作行为。最后三个部分主要讨论利用教学、获取外部资助和知识交流给研究带来的好处。如果有效且高效地开展这些活动，就会对研究者、研究者的研究轨迹和社会带来巨大好处。但是，如果这些相互联系被误解，如果外部资助者利用他们的激励地位，或者如果他们的研究人员被其他新发现的倡议所干扰，那么外部资助和知识交流活动就会伤害他们自己和他们部门的研究轨迹。这三个部分提供的经验甚至有助于推动最好的研究型院系的发展[51]。每条建议都是先陈述观点和良好实践，然后说明它为何是良好实践，应该在何时采用这一实践。重点强调学术带头人应该如何在院系中促成和鼓励采取这些实践。要注意的是，根据主题的不同，这三个部分的重点也不同，这点在文中有所体现。

学术带头人可以刺激和激励积极从事研究的同事，他们可以构建软性的支持结构，将员工融入协作文化中。但是，他们也可能会破坏软性、激励性和支持性结构，使研究文化消亡，打击研究者的自信心，从而抑制研究产出和研究者的“心流”。积极的研究文化需要花费多年时间建立，可是只要顷刻之间即可消灭。

人们只有相互交流、相互帮助，研究工作和研究文化才会发生真正积极的变化。我们需要富有成效的意见分歧，因为真正的进步和创造力取决于此。但是，分歧并不意味着我们应该容忍不文明行为，恰恰相反，当我们文明时，更有可能倾听、承认、认识到意外的后果，甚至理解对竞争观点的认识。

我希望本书对你有用，但是如果你认为此书无用，也许是因为你已经在一个成功的研究型院系工作，也可能是因为你不同意这些建议的重要性，那么请将本书传给可以从中受益的人。如果你和/或你所在的院系并未实现你的预期目标，那么也许是你以为在你自己和你同事身上已经建立起来的良好实践，其实并未有效地采纳或者严格地遵循，或者是你的同事不适合这种结构。也许你的院系竞争太激烈，合作程度不足。

最后，研究者和研究型院系要想发展，就需要在个人态度和集体态度之间取得正确平衡。一个一流的、成绩卓著的院系会根据各种态度确立自身的研究文化，这种态度培养和繁殖了为共同利益而学习知识的真正动力。这就是为什么我们应该互相帮助，使彼此达到最佳状态，当我们失去最佳状态时，重新发现我们的最佳状态，并加强彼此对某一课题和我们共同旅程的乐趣和兴趣。

祝大家好运！

图 0.2　研究词云

■　注释

1. 本书没有介绍一个旨在确定特定政策对加强研究的动态影响的研究项目成果。鉴于这类项目的艰巨性，结果肯定会因情况和时间而异。
2. Lopes, H. (2011), “Why do people work? Individual wants versus common goods”, *Journal of Economic Issues*, 45(1), pp. 57–73.
3. Turban, D. B. and Yan, W. (2016), “Relationship of eudaimonia and hedonia with work outcomes”, *Journal of Managerial Psychology*, 31(6), pp. 1006–1020.
4. Kahneman, D. (2012), *Thinking, Fast and Slow*, Penguin Books.
5. 如果你不喜欢自己的研究，那么你将永远无法收获研究中“心流”的奖励。“心流”不会在你心怀不满、垂头丧气之际来临；你将无法实现自己的研究潜能；你将无法实现孜孜以求的在四星级期刊上发表论文，你甚至可能不再追求进步，因为你开始认为自己永远无法实现目标。如果你不幸福，那么你的“心流”也会丢失。不要深陷在你讨厌的工作中无法自拔——那样会耗尽你的能量、愉悦感和满足感。你会辜负自己，辜负自己喜欢的研究生涯，辜负你的院系，辜负你的学科，而社会也无法从你的研究中受益。要知道该在何时做出改变。当然，困难在于如何找到更好、更方便的选择。归根结底，你只会在自己喜欢的工作中出类拔萃。

6. 请注意，当我们的动力消散，动力时有时无时，我们最终就只会做最简单、最轻而易举的事情。请参考Carter, C. (2021), “The 1-minute secret to forming a new habit”, TED Talk, https://www.ted.com/talks/christine_carter_the_1_minute_secret_to_forming_a_new_habit#t-379977。

7. 如果直接上司增加工作量，或者强加跟研究者主要兴趣和技能不符的新工作，那么研究质量或数量就会下降。工作量的差异可能是研究密集型大学跟教学密集型大学之间研究质量和研究成果产生差距的重要原因。毕竟，决定研究成果的不是你在哪里读博士，而是你在哪里工作。请参考Way, S. F., Morgan., A. C., Larremore, D. B. and Clauset, A. (2019), “Productivity, prominence, and the effects of academic environment”, *Proceedings of the National Academy of Sciences of the United States of America*, 116(22), pp. 10729–10733. 如果教学密集型大学想提升研究成果，就必须停止给研究者安排新的或更多职务。

8. Poggi (2010) 表示，我们的自我感觉跟我们的期望之间的个人差距是工作满意度的驱动因素。请参考Poggi, A. (2010), “Job satisfaction, working conditions, and aspirations”, *Journal of Economic Psychology*, 31(6), pp. 936–949。

9. Maslow, A. H. (1943), “A theory of human motivation”, *Psychological Review*, 50(4), pp. 370–396.

10. 艾米·弥尔顿是一名行为神经科学家，她在TED演讲中表示，压力大会使我们无法记住事件的细节。请参考https://www.ted.com/talks/amy_milton_can_we_edit_memories?language=en. 压力过大的研究者可能无法有效地专注于内容、地点和时间。确保研究者处于较低压力之下可能会使他们更快地实现自身潜能。

11. Akinola, M. and Wilson, R. (2020), “Train yourself to shine under stress”, TED Talk, https://podcasts.apple.com/us/podcast/train-yourself-to-shine-under-stress-russell-wilson/id470622782?i=1000502290737.

12. 请参考BBC (2018), “Is boasting good or bad for business?” https://www.bbc.com/news/business-43060675。

13. 当然，这跟马斯洛（1943）的观点相吻合，即合作带来的社会价值本身就能满足人类需求。请参考Maslow, A. H. (1943), “A theory of human motivation”, *Psychological Review*, 50, pp. 370–396.

14. 这是一本关于“心流”跟幸福之间联系的好书，请参考Csikszentmilalyi, M. (2002), *Flow: The Psychology of Happiness*, Rider Publishers。

15. Paine, T. (2009［1794］), *The Age of Reason: The Complete Edition,* World Union of Deists.

16. 请参考Freud, S. (2012［1921］), *Group Psychology and the Analysis of the Ego*, Empire Books。

17. 请参考Kahnweiler, J. (2018), *Introverted Leader: Building on Your Quiet Strength*, Berrett-Koehler Publishers。

18. Dolan, P. and Kudrna, L. (2016), "Sentimental hedonism: pleasure, purpose and public policy", in Vittersø, J., *Handbook of Eudaimonic Well-Being*, Springer.

19. 例如，请参考Kane, R. L., Johnson, P. E., Town, R. J. and Butler, M. (2004), "A structured review of the effect of economic incentives on consumers' preventive behaviour", *American Journal of Preventative Medicine*, 24, pp. 327–352。

20. Frey, B. S. (1993), "Shirking or work morale? The impact of regulating", *European Economic Review,* 37(8), pp. 1523–1532.

21. Ariely, D., Gneezy, I., Loewenstein, G. and Mazar, N. (2009), "Large stakes and big mistakes", *Review of Economic Studies*, 76, pp. 451–469. Ariely是因个人原因并以最高专业水准深入参与其课题的人的典范。这是心与大脑的最佳结合。

22. Bowles, S. (2008), "Policies designed for self-interested citizens may undermine 'The Moral Sentiments': evidence from economic experiments", *Science*, 320(5883), pp. 1605–1609.

23. Nosek, B. A., Spies, J. R. and Motyl, M. (2012), "Scientific utopia", *Perspectives on Psychological Science*, 7(6), pp. 615–631.

24. Smaldino, P. E. and McElreath, R. (2012), "The natural selection of bad science", *Royal Society Open Science*, 3, 160384. 可以通过以下网址访问：https://royalsocietypublishing.org/doi/pdf/10.1098/rsos.160384。

25. Ariely, D., Meier, S. and Rey-Biel, P. (2011), "When and why incentives (don't) work to modify behavior", *Journal of Economic Perspectives*, 25(4), pp.

191–210.

26. Titmuss, R. M. (1970), *The Gift Relationship*, Allen and Unwin.

27. Böckerman, P., Bryson, A., Kauhanen, A. and Kangasniemi, M. (2020), “Does job design make workers happy?” *Scottish Journal of Political Economy*, 67(1), pp. 31–52.

28. 做一个烂泥扶不上墙的孩子是没有意义的；请参考Becker, G. S. (1981), *A Treatise of the Family*, Harvard University Press。

29. Deci, E. L. and Ryan, R. M. (2000), “The ‘what’ and ‘why’ of goal pursuits: human needs and the self-determination of behaviour”, *Psychological Inquiry*, 11(4), pp. 227–268.

30. 这些问题是对彼得和保拉原理的补充。请参考Schuller, T. (2017), *The Paula Principle: How and Why Women Work Below Their Level of Competence*, Scribe; Peter, L. J. and Hull, R. (1969), *The Peter Principle: Why Things Always Go Wrong,* William Morrow and Co。

31. 请参考Burns, J. M. (2004), *Transformational Leadership: A New Pursuit of Happiness*, Grove Press。

32. 请参考罗伯特·雷夫金的TED视频查看欢快而简短的总结，网址为https://www.ted.com/talks/robert_reffkin_5_ways_to_create_stronger_connections#t-157396。

33. 例如，2020年2月9日，美国经济学会（AEA）在发给成员的一封邮件中表示，学会已经“采取一些重要措施改善经济学中的专业氛围。作为这些举措的一部分，我很高兴地汇报，学会建立了一套准则，用于调查有关学会官员和/或成员违反学会《AEA职业行为准则》和《骚扰与歧视政策》的投诉。2018年4月，执行委员会在与会员协商后通过了《AEA职业行为准则》，并补充了更详细的《骚扰与歧视政策》，该政策也得到了执行委员会的批准。现在，参加AEA主办的任何活动或委员会，都必须承认和接受该准则和《骚扰与歧视政策》。2019年，AEA成员投票修改了AEA的细则，增加了一项规定，即经董事会三分之二多数票表决通过，可对违反《AEA职业行为准则》或《骚扰与歧视政策》的成员和/或官员进行处罚或终止其会员资格。修订后的章程全文见于https://www.aeaweb.org/resources/member-docs/certificate-of-incorporation-bylaws。关于调查投诉以及在必要时实施制裁的新准则已得到执行委员会的批准，并立即生效。这些准则已发布在AEA网站上：https://www.aeaweb.org/go/policy-hd/procedures。关于向学会道德委员会提出正式投诉以及向AEA监察员咨询潜在投诉的说明，也可在https://www.aeaweb.org/go/policy-hd/formal-complaint和https://www.aeaweb.org/about-aea/aea-ombudsperson/faq查阅。学会将继续致力于改善经济学的专业氛围，并认为这些准则的通过是学会迈出的重要一步，有助于为任何有兴趣、有能力从事经济学事业的人提供机会并受到欢迎。我请求所有成员支持这些努力”。

34. Bland, C. J., Center, B. A., Finstad, D. and Staples, J. G. (2005), “A theoretical, practical, predictive model of faculty and department research productivity”, *Academic Medicine*, 80(3), pp. 225–237.

35. Ryan, J. and Hurley, J. (2007), “An empirical examination of the relationship between scientists’ work environment and research performance”, *R&D Management*, 37(4), pp. 345–354.

36. Clarke, M., Kenny, A. and Loxley, A. (2015), “Creating a supportive working

environment for academics in higher education", *Country Report Ireland*, The Teachers' Union of Ireland and Irish Federation of University Teachers, Dublin.

37. Lohela-Karlsson, M., Hagberg, J. and Bergström, G. (2014), "Production loss among employees perceiving work environment problems", *International Archives of Occupational and Environmental Health*, 88(6), pp. 769–777.
38. Jacoby, S. (2009), *The Age of American Unreason*, Vintage Books.
39. Thaler, R. and Sunstein, C. (2008), *Nudge*, Penguin Books.
40. Benson, A., Li, D. and Shue, K. (2019), "Promotions and the Peter principle", *Quarterly Journal of Economics,* 134(4), pp. 2085–2134.
41. 韦等人（2019）报告了一项十分有趣的调查结果：学者的科学生产力并不取决于他们在哪里读博士，而是取决于他们在哪里工作。因此，塑造和培养人才，使同事取得成就的是工作场所，而不是获取学位的地方。请参考Way, S. F., Morgan, A. C., Larremore, D. B. and Clauset, A. (2019), "Productivity, prominence, and the effects of academic environment", *Proceedings of the National Academy of Sciences of the United States of America*, 116(22), pp. 10729–10733。
42. 合作行为的道德价值都是积极的，请参考Curry, O. S., Mullins, D. A. and Whitehouse, H. (2019), "Is it good to cooperate? Testing the theory of morality-as-cooperation in 60 societies", *Current Anthropology*, 60(1), pp. 47–69。
43. 这些问题是对彼得和保拉原理的补充。请参考Schuller (2017), The Paula Principle; Peter and Hull (1969), *The Peter Principle*。

44. BBC写道（https://www.bbc.co.uk/sport/football/51962924），伍尔弗汉普顿流浪者足球俱乐部之所以在英格兰足球超级联赛中排到第六名，是因为其主教练努诺·埃斯皮里托·桑托注重球队的士气和团结。自从他的执教生涯开始以来，这位葡萄牙主教练就非常强调球队的团结。他一直强调打造一个小的、统一的球员群体来组成一线队，他对让每个人都参与其中的重要性的认识可能来自自己的比赛经验。努诺的理念中一个重要部分是让所有的队员保持一致，他的办公室随时欢迎寻求建议或讨论足球或生活中任何问题的人。（2020年3月22日）
45. Spencer, D. A. (2015), "Developing an understanding of meaningful work in economics: the case for a heterodox economics of work", *Cambridge Journal of Economics*, 39, pp. 675–688.
46. 教学主导型院校会优先考虑利用旨在确保高质量教学的结构来加强其教学供应。研究主导型院校会优先考虑学术研究，并争夺著名的研究基金，以便在研究密集型大学的国际排名中竞争。其他院校将优先考虑创收，特别是当他们在教学或学术研究方面没有特别的优势的时候。越来越多的学术机构试图在上述两个或三个领域进行竞争，从而给员工带来了额外的压力。
47. 请参考https://www.advance-he.ac.uk/knowledge -hub/communities-practice。还可以参考Lave, J. and Wenger, E. (1991), Situated Learning: Legitimate Peripheral Participation, Cambridge University Press; Kimble, C., Hildreth, P. and Bourdon, I. (2008), *Communities of Practice: Creating Learning Environments for Educators*, Information Age Publishing。
48. 想参考潜在案例，请查看第33条注释。

49. 另外，弗里德里希·尼采有句名言："杀不死你的东西，会让你更强大。"

50. 当阿德里安·圣米格尔·德尔·卡斯蒂略（被称为阿德里安）于2019年8月5日自由转会到利物浦足球俱乐部时，很多人惊讶于他在加入俱乐部仅4天后就首发出场。当时，开场39分钟后，俱乐部第一门将埃里森受伤离场，阿德里安替补上场。阿德里安在BBC网站上撰文回答了采访者的提问："（你即将上场首秀时）主教练克洛普对你说了什么？"他回答："他拥抱了我。他向我表明我得到了他的信任……球迷们在这样一个关键时刻接纳我的方式……他们给了我十足的信心。"在进一步评论尤尔根·克洛普时，阿德里安继续说："与他一起工作是如此容易、如此轻松。他总是面带微笑，性格开朗，乐观向上。……他在那里指导我们。他在场边就能很好地观察足球，并娴熟地将这些知识传授给球员。"显然，这种方法可以在各种环境中发挥作用。这与实证研究结果一致，即乐观主义会助长社会合作（Oyediran et al., 2018），而且合作可以提高生产力。请参考 Oyediran, O. A., Rivas, M. F., Coulson, M. and Kernohan, D. (2018), "Cooperation and optimism in social dilemma", *Bulletin of Economic Research*, 70(4), pp. 335–340。

51. 英国就是这种情况，除了卓越教学和学生成果框架（TEF）、研究卓越框架（REF）外，即将发布知识交流框架（KEF）。

第一部分

要点

我们很容易忽略这部分讨论的要点。我们有时候会认为，由于我们过去采取了最佳实践研究方式，我们在需要时（例如在非教学周）就很容易重新回归那种实践。但是，研究是个不断迭代的过程，高质量的研究工作之间的时间间隔越长，我们重新富有成效地开展研究活动的能力就越差。高质量研究不是按照时间表每隔 20 分钟就能完成的，而是逐渐积累的偶发性事件，需要经常沉浸其中。学术研究要想取得成功，除了经常开展之外，别无他法。

如果我们把其他责任放在首位，最佳实践就很容易被忽视。我们往往没有充分认识到教学或行政等其他职责对研究活动造成的影响。如果让其他职责过多侵占我们的研究时间，那么研究时间就会越来越少，从而出现滑坡。

确定优质研究时间的一个简单方法是，把我们在研究活动上花费的时间记录下来。这可以为你提供现实检查，说明为什么你的研究进展比预期要慢。它可以鼓励你反思自己的优先事项，为你提供证据基础，让你决定是否需要做出改变。如果你意识到问题可能不在于时间不够，那么研究记录不佳就可能是其他原因导致的。当然，我们都希望有更多时间从事研究，但是有些事情我们可以一起做，在研究的道路上互帮互助，这样的话，无须大量增加研究时间就能提升研究成就。

1. 大量阅读!

很多学者并不会优先考虑阅读期刊论文和了解最新文献。我们手头都有事情要做：不是在上课就是在备课，设计适当的研究方法，记录结果，重新写论文，跟合著者讨论观点，准备展示研究等。

阅读能刺激你的思维，增长知识。它能鼓励人们将知识领域联系起来，而这是你以前可能没有做到的。越长时间不阅读，你就越无法了解最新文献。阅读还能更新对比论证，增强你的分析能力。人们还能通过阅读提升对写作论据的理解，打磨写作能力。不要只局限于阅读自己所在研究领域内的论文，因为围绕你的课题领域阅读有助于发现 / 重新发现其他相关研究领域的人在做什么，这些观点可能会渗透到自己的研究领域当中。要了解新的方法论进展和新的思考方法。阅读相关学科的期刊（例如，经济学家应当阅读社会学和人类学期刊），以激发你的思维，能将不同的想法融会贯通。阅读报纸发现案例。阅读这些年一直被低估的旧文献——你可以想象用现代视角看待迄今为止尚未得到重视的理念。

每个工作日读一篇论文。如果你喜欢阅读，那么阅读有助于放松身心。有时候，一天中最佳的阅读时间是开始着手做其他事情之前。有的人喜欢吃完午饭后立即阅读，而有的人吃完午饭后昏昏欲睡，很难专心阅读。不要只顾阅读，忘了写作或跟其他人讨论。毕竟，阅读应该跟写作形成补充，而不是取代写作。尽量在日常工作中抽出时间阅读，并根据时间充裕程度灵活选择论文。有的论文篇幅很短，半个小时就能读完；而有的论文需要花更多时间思考。如果时间受限，你无法全面阅读和理解论文的话，就不要强迫自己在一小时之内读完一篇复杂的论文。

学术带头人可以组织阅读小组，鼓励同事从重要论文中总结经验。可以先开始阅读齐利亚克和麦克洛斯基（Ziliak & McCloskey, 2008）[1]的《对统计学意义的崇拜》（*The Cult of Statistical Significance*）。难懂的内容可以刺激同事进行活跃、专注的讨论，促进知识共享。学术带头人应该鼓励同事推荐重要的或有争议的文本。他们也可以推荐一些文本，了解其他人的看法。同一个院系的员工阅读兴趣可能各不相同，所以阅读小组的成员应该是流动和包容的，并涉及广泛的主题。如果学术带头人认为有的论文对特定的同事有用，那么应该向这些同事强调。接下来，学术带头人应该向同事强调，自己有兴趣了解他们对某篇论文的看法，这样会让同事感受到激励和尊重。

■ 注释

1. Ziliak, S. T. and McCloskey, D. N. (2008), *The Cult of Statistical Significance*, University of Michigan Press.

2. 每天写点东西

试着每个工作日都就研究课题写点东西。有时候你没空写任何东西，但是你哪怕每天只写半个小时，长此以往都能产生巨大价值，也确保脑海里的研究观点不会动摇。每个工作日写点东西，这样你的脑海里就能对课题保持新鲜，等到下次你有足够的高质量时间投入研究时，就能更快地回到研究问题的核心。

写作只要坚持下去，就会一发而不可收，而且会带来更多自由和想象力。逃避写作会使你陷入困境，限制你增强贡献和形成连贯论证的能力。频繁的写作和改写会提高你清晰构建论证的能力。初出茅庐的学者往往无法充分理解论证清晰的重要性，如果肯花时间练习的话，你的写作能力就会稳步提升。之后再去重新起草文本，并吸取从阅读中获得的经验教训，那么你构建论证的能力就会提升。

你是否读过顶级期刊论文，发现论证简单得不得了，你也会写？是的，可惜你写不出来。清晰至极的论证可以说服编辑和审稿人，任何读者都能理解观点的构思、提出和表达方式。但是，人们往往不能全面理解的是，顶级期刊里的论文论证极其清晰，体现的是作者多年的练习、总结、反思和改写功夫。表达良好的研究使研究看起来很容易做、很容易理解，但这需要花大量时间练习、起草和改写。

遗憾的是，如果你不经常练习写作的话，你清晰、简洁写作的能力就会变差，不经常写作的人在离开写作一段时间后，会发现很难重新开始写作。重写你的稿件将提高其中论证的清晰度，而让读者清晰地看到论证尤其重要。

重新写作能激发新的想法，帮你进行横向和创造性思考。有时候，当你在页面上重新措辞、构思和提出观点时，新观点自然就会出现在脑海里。

重要的是，要确保自己一直在写研究论文。这往往意味着你需要手头同时参与好几个项目。这不是个大问题，因为经验丰富的研究者知道，很多项目并不会形成值得提交给顶级期刊的完整论文。

在教学期间，很难找到时间完整写出所有研究想法。但重要的是，你必须赶在这些想法消失之前腾出时间记录下来。考虑到时间限制，当我们能坚持写出自己的想法时，心里往往会感到宽慰。因此，一种好办法是，确保每天至少花半个小时写作。你应该写作自己尤其感兴趣的研究，确保自己将这种写作时间当作一种款待和 / 或对完成其他任务的奖励。

但是，不要在写作上花太多时间，以免耽误了阅读其他人的论文，跟同事讨论研究课题。阅读期刊论文和参加学术讨论不可或缺，因为它们能提高你表述对其他观点的理解的能力，从而在撰写和阐述自己独到见解时节省时间。

学术带头人应该确保同事能腾出时间写作并提出自己的观点。有时候，同事可能会丧失兴趣或动力，对如何提出观点感到困惑。这时候，学术带头人就可以介入，发挥积极作用。学术带头人必须学会了解同事的参与水平，知道何时该介入，在这些充满挑战的时刻提供支持和指导。

学术带头人在询问同事的研究情况时，也是在表明自己对同事的工作感兴趣。学术带头人可以为同事正在考虑的事情提供咨询意见，或者告诉同事，他们愿意为同事的整篇科研论文草稿提供反馈意见。有时候，只需要求资浅同事用三个简单段落写下自己的观点，就能克服心理障碍，重新唤起他们对研究的热情和动力。学术带头人鼓励同事在规定的时间内完成整篇论文的特定部分，也有助于同事集中精力。

如果资浅同事甚至没法腾出少量时间从事研究，那么他们的学术带头人应该意识到这一点，帮助他们度过这一时期。学术带头人可以为那些很难腾出时间写论文的同事减轻负担。为了帮同事腾出时间完成论文，我曾做过客座演讲。我们商量好，作为回报，我将在本周末之前，第一个对他们的论文提供建设性批评评审（伪审阅人报告）。这个聚焦时间的协议带有某种互惠性质，可以让我的同事集中精力完成研究论文初稿。写作论文碰到的障碍可能是真实的，也可能是想象的[1]。学术带头人也可以花时间讨论同事正在面临的障碍，从而提供帮助。

学术带头人的工作量模型中需要具备足够的容量，足以让他们支持同事的研究工作，他们必须无私地使用这个时间。他们必须联系学院里安排工作任务的同事，强烈要求为自己腾出时间以便有效地专心协助同事。他们必须确保管理人员意识到这些辅导的巨大价值。用杰克逊（Jackson, 2000, p.2）[2] 的话说："人类价值的主要区别在于，工具主义观点认为人是达到目的的手段，而人本主义观点认为人本身就是目的。"对同事在研究中遇到的挑战表达同情，可以强调学术带头人随时准备好为他们提供支持，并会利用自身的经验帮助他们发挥潜力[3]。

■ 注释

1. Drichoutis and Nayga (2020) 最近发表的论文表明，认知负荷对人们在推理任务上的表现有负面影响。请参考Drichoutis, A. C. and Nayga Jnr., R. M. (2020), "Economic rationality under cognitive load", *Economic Journal*, 130(632), pp. 2382–2409。
2. Jackson, T. (2000), "Instrumental and humanistic values in the management of people: a seven nation study",在11月16—17日于巴黎举行的第11届 AGRH 会议上发表的论文。
3. 请参考Mandadi, T. (2020), "3 ways companies can support grieving colleagues", TED Talk, 详情可登录https://www.ted.com/talks/tilak_mandadi_3_ways_companies_can_support_grieving_employees。

3. 放弃项目

人们很容易满怀热情和动力地开启研究项目。但是很难意识到有的项目无论你投入多少精力都无法达到预期目标。决定放弃一个项目是研究者需要做的最重要的决定之一，因为它会影响你投入其他研究中的时间。时间是稀缺的，我们都需要确保我们所从事的研究质量最好、影响最大。因此，我们必须回头，看时间是否用对了地方。在同时开展好几个项目或者研究时间有限的情况下，经常反思哪些项目应该继续开展、哪些项目应该停止至关重要。

要想回想和了解到自己手头有多少项研究，一个好办法是列出项目清单。我用一张 A4 纸，把它分成 6 部分，每部分列出不同的研究项目，如框 3.1 所示。该页面包括提交日期、修改申请日期、期刊参考号等，以便汇总所有信息。这样列出清单，就能清楚地知道自己还有多少时间做其他项目，把研究精力分成了多少部分。这张清单也能激励你反思哪些项目由于不太可能对文献带来多大改变，再加上时间压力，永远不会成为你的优先事项。这张清单可以让你反思手头上的哪些论文应该终止。请注意，你应该优先考虑的是那些处于修改和打磨阶段的论文，因为这些是最接近再次向期刊投稿的论文。

框 3.1 研究成果优先级排序

已修改并重新提交：

1. “论文题目”（合著者名字）；期刊名称（ABS 排名）（已经拒绝论文的期刊名）；原来的提交日期：2020 年 9 月 30 日；期刊参考号：XYZ-20-0123；要求修改日期：2020 年 9 月 30 日；修改提交日期：2020 年 11 月 30 日

正在修改：

2. “论文题目”（合著者名字）；期刊名称（ABS 排名）（已经拒绝论文的期刊名）；原来的提交日期：2020 年 9 月 30 日；期刊参考号：XYZ-20-0123；要求修改日期：2020 年 9 月 30 日

正在考虑：

3. “论文题目”（合著者名字）；期刊名称（ABS 排名）（已经拒绝论文的期刊名）；原来的提交日期：2020 年 9 月 30 日；期刊参考号：XYZ-20-0123

正在打磨：

4. “论文题目”（合著者名字）；目标期刊名称（ABS 排名）（已经拒绝论文的期刊名）

正在写作：

5. “论文题目”（合著者名字）；目标期刊名称（ABS 排名）

等待其他期刊：

6. “论文题目”（合著者名字）；目标期刊名称（ABS 排名）

搁置：

7.“论文题目”（合著者名字）；目标期刊名称（ABS 排名）

书籍：

A.“书籍名称”（合著者名字），出版商名称；目标提交日期 2021 年 9 月 30 日

拨款申请：

“名称”（合著者名字），资助者名字；提交截止日期 2021 年 3 月 30 日

如果项目进度比预期慢的话，你就会卡在项目上。有时候，你会对某个课题失去兴趣，还有时候，你会意识到自己的贡献没有预想中的那么大。在这些情况下，最好是把项目放进“搁置”文件夹里，去做其他事情。如果你对开展某个项目的动力不足，就应该意识到，这对你而言不是个好的研究课题，至少目前不是。

如果项目没有取得进展，那么很可能是因为你无法对文献做出实质性贡献，从而无法发表优质论文。尽量不要浪费你的时间——你不能强迫自己进行深刻思考！你没有时间处理所有事情。

有时候，你不忍心放弃某个项目，因为你已经投入了很多时间和精力。同样，可以把这些项目放进“搁置”类别中，这样，你在今后突然有新想法时就能重拾这些项目。

有时候，项目似乎没有丝毫进展；也有的时候，工作进度突

飞猛进。要明白，进展缓慢阶段是必要的酝酿期，之后你就会取得更快进展，你不能强迫自己取得快速进展。有时候，无论你做什么，都会感觉研究没有丝毫进展。停下手头的研究，欣赏旅途的风景。要知道，你在研究过程中已经学会了东西，是时候往前看了。你可以随时回头重新研究，但是要确保自己不是在浪费时间。

当一个想法在你的脑海中清晰可见时，就要优先从事这项研究。集中精力从事某一项研究时，你才能最有效地推进它。还有的时候，即使你意识到某件事可能会带来变革，你的大脑也可能需要休息，以确保自己能够以适当的平衡和叙述技巧写作。

学术带头人应当对同事的科研进展保持密切关注，随时准备好提供支持。他们应该经常（甚至每周一次）跟同事讨论他们的研究，因为尽管他们可能无法回答艰深的学科问题，但是也许能提供关于课题的其他思考方式。有时候，只是轻描淡写地讨论问题，就能激发同事思考，突破思维障碍。如果一时无法突破这些障碍，那么学术带头人就应该鼓励同事先做可以取得进展的项目。

学术带头人可以鼓励同事设立目标，例如下个学期结束之前展示一篇研究论文。设立目标可以让人意识到自己并没有发现新事物，因此这项研究应当被放进“搁置”类别中。如果研究项目由学术带头人跟资浅科研人员合作完成，那么项目进展速度太慢的话，学术带头人就应该准备介入，代替同事履行职责。学术带头人和资深合著者比资浅同事更应该反思，因为跟资浅同事一起放弃项目研究会限制同事的发展或者打击他们的自信心。因此，有时即使研究无法达到预期目标，学术带头人也应该继续跟资浅同事合著，这样能为团队成员提供有用的经验。

4. 交谈、讨论和辩论

我们每个人都有不同的经验可供借鉴，但应该意识到，这些经验只适用于特定的情境。要成为一名成功的学者，至关重要的一点，是要跟形形色色的人（包括你认可和不认可的人、你院系以外的人、非学术群体等）交谈，以便根据他们的经验，了解其他人对你的研究课题的看法。要确定自己到底有多么正确，最好的办法是抓住每个机会讨论这些想法。

知识渊博的同行的观点和评论可以引导你质疑自己的假设。这些学科内外的评论，可能会对增进你自身的理解至关重要，并能让你推进自己的理论。同时也需要了解不知情者的观点，以便对自己的创新提出质疑或细微差别。

当你的研究停滞不前时，你就要跟值得信赖的导师讨论自己的观点。导师既要愿意倾听你的观点，也要愿意提供建设性批评意见。倾听者可能不知道答案，甚至没法为你提供有用的观点，但是当你尝试用其他人能理解的方式表述问题时，往往自己就能磕磕绊绊地找到答案。

你可以跟值得信赖的人讨论你的研究观点，也许还可以更加频繁些。你脑海里无论何时出现新观点，都可以在员工研讨会、讲习班和会议上提出来。将观点说给同事甚至是学生听，征求他们的意见并向他们提出探究性问题。

准备大会发言可以促使你用他人能理解的结构组织观点。这样，可能会让你质疑自己曾经做过或正在做的事情，或许能将你带到一个全新的方向。明智地使用你的时间准备发言，但是请记住，“我们看不到事情的本来面目，我们看到的是我们自己［阿娜伊斯·宁（Anais Nin）］”，这可能会引起无意识的偏见。我们对这些问题做出了解释，但是别人可能会有不同的解释。但愿会议上有人为你指出这些偏见来帮助你。

学术带头人每年应至少在员工研讨会上发表一篇论文。这不仅是为了向别人展示他们也在做一些可能存在瑕疵的研究，也是为了展示他们在进行探索。当学术带头人在内部研讨会上展示自己的观点时，他们不仅是在探讨自己的课题，也是在向同事说明该如何向其他学者展示信息，更重要的是，该如何谦逊地回答探究性问题。

当同事对参与院系科研项目保持沉默时，他们是在强调科研存在问题。这个问题可能跟科研环境、提问的风格或缺乏合作氛围有关。学术带头人最好弄清楚，到底是因为他们没有重视这类积极的互动，还是因为他们承担了其他任务。不重视跟院系里其他同事讨论自己研究的机会，是院系不够团结的表现。

5. 不停地展示

向他人展示自己的研究成果是获得反馈的绝佳方式，这可以在员工研讨会、临时聚会、正式会议或者当地市政府的公开演讲等场合进行。你想要尽可能多地获得关于研究的反馈，但是由于听众的背景各异，你要清晰而恰当地陈述自己的研究，确保用别人能理解的方式来组织自己的观点。要保持谦逊、平易近人，这样别人才愿意给你反馈。

展示信息的行为能形成材料的架构和传播，从而形成论证。只有通过反复思考，这种架构和传播才能得到发展和完善，并通过别人富有见地的反馈得到加强和丰富。独自进行这一反复思考的过程可能会延长论证过程，并让你在某些问题上兜圈子。引出人们对你的观点的看法，能让你了解现实状况，鼓励你质疑和/或细化你的论证。

无论何时，只要你认为自己对文献做出了贡献，你就可以展示自己的研究。你需要反馈，所以要确保让其他人感觉你平易近人，这样他们才会愿意分享自己的批评意见。人们一旦感受到你愿意接受那些观点，而且他们为你提供反馈所付出的努力是值得的，就会更加乐意提供信息，否则他们就不会敞开心扉。

你要在尚未完全准备好接受反馈的情况下在员工研讨会上展示自己的研究，因为这样能促使你进入一种狂热状态，用别人能理解的结构组织自己的观点。这能让你质疑自己曾经做过和现在正在做的事情，并将你带到一个全新的方向。

在不同的研讨会、讲习班和会议上，你会收到不同类型的反馈，因为这些场合会吸引不同类型的人。有些员工研讨会能让你在产生观点后不久就收到反馈；有些讲习班会为你提供聚焦于小问题的意见；有些会议可以让你展示最终成品。所有这些活动都会在适当的范围内得到积极鼓励，在使用时既要小心谨慎，也要充满热情和好奇心。

院系学术带头人有责任为资浅科研人员鉴别哪些会议和场合适合展示研究观点。有一天，我在跟一位资浅同事聊天时，得知他们正在研究十分有意思的课题，并且已经将这一想法写成了论文发表在工作论文系列中，但是还没准备好在大会上展示或者向期刊投稿。我知道我在另一所大学的一位熟人会对他们的研究感兴趣，所以我请他看了这篇论文，看看是否适合在他们的员工研讨会上展示。我让他们自行决定是否联系我的同事，但是我让他们向我保证，无论他们最终的决定是什么，都不要提是我推荐的。第二天，我的资浅同事兴冲冲地来到我的办公室，告诉我Y大学的X教授碰巧看到了他们的工作论文，并留下了深刻的印象，决定邀请他们在员工研讨会上展示论文。我的资浅同事极度兴奋，但是不知道要不要接受邀请。我劝说他们接受邀请，因为最坏的情况也就是听众发现研究中的漏洞，而这些漏洞今后可以设法填补，从而推动研究。他们犹豫了一阵后，决定同意在员工研讨会上发表演讲，而演讲的准备工作也推动了这项研究。直到今天，我的同事对我的干预仍然一无所知，但是我也没有理由让他们知道，因为学术带头人本来就应该做这些事情来提升院系的科研质量。

6. 反复试错

一些研究人员试图第一次就把事情做对，或者给人这样的印象，但是真正的研究很少是这样的。相反，我们倾向于定义和重新定义正在研究的问题，进行数据收集和检验，以确定问题的解决方案，从坏结果中吸取教训，修改方法，做出改变，直到找到有用的解决方案。反复试错有时候被称作“生成和检验”。如果检验没有发现任何有用的东西，那么至少你已经尝试过，知道有的事情行不通。不要害怕犯错：美好的事物往往是在错误中发现的；一定要从错误中学习。

> 我没有失败。我只是找到了一万种行不通的方法。
>
> ——托马斯·爱迪生（Thomas Edison）

我们只有允许自己犯错，才能更好地学习和研究事物，反复试错有利于我们推进研究[1]。尽管采用这种方法会出现大量可察觉的错误，但是有了重大发现后，也会带来强烈的收获感和更多的乐趣。改进并反思我们的工作，这样就能纠正错误，吸取经验教训。因为你在做前人从未做过的事情，所以可能会犯很多错误，或者至少有些方法行不通（！）。

遗憾的是，无论是多么重要和实质性的研究，科研评估都不会奖励研究者的研究过程。研究者往往只有发现积极而重要的内容时，科研评估才会认可研究者的努力。当你的研究进入了死胡同，而且你意识到自己的研究不大可能在优质期刊上发表时，不要只是把研究成果束之高阁。相反，要确保自己从结果中吸取经验教训，反思结果、方法、假设、联系和相互影响，然后明白该怎样进一步改进研究，将这些知识运用到相关问题的调查中。目前为止，你的研究可能还没有为学术界揭示出一些及时的、实质性的东西，但是你已经迈出了重要的一步，找到让你遭受这次挫折的重要问题。

要不断地突破研究的边界，让诤友帮助你。经常进行辩论，认识到你的假设，并意识到假设和论证中存在的关键和严重的局限性，因为只有这样才能改进自己的研究。你不时地会写出其他人想要听的内容，所以要有信心。

> 错误是我们取得进步付出的代价。
>
> ——艾尔弗雷德·诺思·怀特海
>
> （Alfred North Whitehead）

学术带头人必须在院系里建立反复试错文化，向同事明确表示，失败是通往成功道路上的一部分。他们应该摈弃研究人员表现出的畏缩、保护和防御行为。高效的学术带头人会利用自己的知识提供指导，让发现之旅更加顺畅，从而减少错误对士气的打击，增加探索性试验的次数，加快院系的研究速度。

学术带头人必须鼓励公开辩论和知识交流。他们应当营造一种相互尊重的文化氛围，既能培养和造就思想，又能激发好奇心和内在动力。学术带头人可能对同事的研究领域知之甚少，但是院系的其他人可能了解有用的知识，这种开放性和互动性可以推动院系的核心和边缘研究活动向前发展。

培养一种文化，让反复试错成为研究的预期方法，学术带头人必须在同事出错时给予支持，并让他们知道资深同事也会出错。当学术带头人在内部人员研讨会上发言时，如果明显犯了错误，那么为了利于学习，应当理解这种经历。这种积极主动、创新开放的方法接着会被资浅同事采用。人非圣贤，孰能无过，犯错是我们取得进步的自然组成部分。学术带头人可以邀请敢于创新的研究者在员工研讨会上展示自己的发现之旅，要求他们强调，他们通过反复试错，最终才对知识做出了巨大贡献。

■ 注释

1. 可参考Harford, T. (2011), *Trial, Error and the God Complex*, TED Talk, 详情可登录https://www.ted.com/talks/tim_harford_trial_error_and_the_god_complex。

7. 做自己真正感兴趣的研究

享受你手头的工作，否则就做出改变。尽管在经受压力或遭遇挫折时会出现创新，但是在这些情况下，这些创新往往是粗糙的，而非璀璨的钻石。你可以积极利用自己的挫折和压力，记录观点，并在好奇心最旺盛的时候进行探索。当你的大脑享受研究时，你的调查能力和想象力都会处于巅峰状态。这意味着在尽可能的情况下，你必须做自己感兴趣的研究，而不是其他人感兴趣的研究。

> 工作的愉悦，让作品得以完美。
>
> ——亚里士多德（Aristotle）

寻找你真正感兴趣的问题的答案。如果某个课题对你无关紧要，那么你可能无法激起同行或读者的兴趣。从自己的情绪中吸取养分：它们能激励和刺激你的行动，你可以利用挫折、烦恼、兴奋、毅力、愉悦、惊讶、厌恶、勇气、快乐、幸福和同情来激励自己，并在研究中取得成功。很多研究表明，幸福感越高，生产效率也越高[1]。

你在研究中不可避免地会碰到失败，重要的是，你要对自己的研究课题抱有激情，这种干劲会推动你向前。当你收到了期刊的拒稿信后，如果你对课题的热情高涨，那么就会保持更多的能量和干劲，你可以用这种热情回应审稿人的指导，有的放矢地改进自己的研究。但是，如果你厌倦了某个课题，那么你就不大可能会产生洞见和热情来拓展自己的研究边界，努力积极回应他们的建议。

提出探究性问题会激发具有重要作用、使人充满热情的争论。机构社会科学家意识到，开展某些研究活动只是为了展示同行之间的一致性。例如，当我们采用某种方法或者采纳特定的方式或者假定特定的理论立场，仅仅是因为它能反映培训内容或者在文献中得到了公认。然而，这并不一定意味着这种方法、方式或理论立场在你所调查的特定时间和实际环境中是正确的。机构社会科学家还注意到，一些研究活动会起到重要作用。因此，如果你发现一种不同的方法、方式或理论立场特别有吸引力，而且有正当理由采用它们，那么就试试，看结果如何。考虑到你的内在动机，它可能会让你发现其他人没有发现的内容。你如果能找到正确的结合方式，就会发现情感和逻辑是相互支撑的。事实上，发自内心的写作能带来最强大的信念和洞察力。

如果你能掌控自己的研究领域，那么就要避免做人们期待你做的研究，因为你不大可能会酝酿出足够有洞察力的观点，很少有人会从你的研究中得到启发，你的时间可能会被白白浪费。

当你发现自己的研究课题长期处于单调乏味状态（我们或多或少都会出现这种情况），那么就要积极考虑让你的研究变得更加鼓舞人心和有趣。但是，有时候，你不得不做自己不大感兴趣的研究。这时候，你可以选择：（1）修改课题；（2）坚持做下去；（3）有人从你认为无聊的事情中受到启发，跟他们合作，团队合作有很多好处！灵活运用你的时间，有机会的时候做你认为能激励人心的研究，当你没有灵感时，请将注意力转向更单调的活动，来清除这个状态。

有时候，你会发现所有事情都很无聊——在这种情况下，你可以好好休息一下，坐下来读读报纸，或者做一些完全不同的事情。也有的时候，你会发现所有事情都很有趣，这时候，你可以做个优先级列表，把能带来最多好处的事情排在最前面。

学术带头人应该跟同事一起开展精神关怀活动，确保他们保持昂扬斗志。当有人发现同事对研究灰心丧气时，学术带头人有责任用支持性、鼓舞人心、热情的建议让他们重燃斗志。如果你不了解他们或者他们的研究课题，就很难做到这一点，但这正是学术带头人应该培养出色的人际交往能力和人际关系，从而为同事的研究之旅提供帮助和支持的另一个原因。

有时候，学术带头人需要强调新的分析方法，或者提醒同事采用不同的理论视角，让科研文化重新焕发活力。其他时候，学术带头人需要鼓励鼓舞人心的外部（也许是可以合作的）演讲者在员工研讨会上演讲，为团队增添活力。

■ 注释

1. 例如，可参考Bellet, C. S., De Neve, J.-E. and Ward, G. (2019), “Does employee happiness have an impact on productivity?” Saïd Business School working paper #2019–13, University of Oxford。

8. 接受和提供建议

大多数学者都愿意为别人提供帮助，尽管支持的力度各不相同，而且在不同的院系和机构文化之间的反差也很大。当有人批评你的观点时，请尝试用一种感激的方式来解读他们的批评，感谢他们为帮你推动观点的发展所做的努力。越早发现观点行不通越好，你也不希望在很久之后等到期刊审稿人给你指出来。因此，要确保自己能接受批评意见，建设性地利用批评意见。也要帮助他人，向他们提供有用的建设性的批评意见。

如果你用积极而令人振奋的方式批判性地跟其他研究者合作的话，你将赢得尊重，获得助人为乐的美名。一直对其他人保持积极和振奋，可能会消耗你的一些精力，尤其是当你试图理解不同的观点、礼貌地指出他人的错误时，但这将使你成长为一名研究者，而且能使你个人和职业长期受益。

评审人和同事可能会说，他们的意见微不足道，但有时候，这些小事情才是最重要的。一旦你抽出时间全面思考他们的意见，你就可能会有全新的认识。这些意见刚开始可能无关紧要，但长此以往，可能影响深远，并对你的研究成果产生巨大的积极影响。最爱挑剔的朋友提供的意见具有长期好处。有些意见可能不是以最有建设性、最适当的方式提出的，你可能会感觉自己需要舔舐伤口。但是，如果你挑剔的朋友让你的研究变得更好，那么这就是件好事，对吧？因此，重要的是，你要保持平易近人的姿态，这样别人才能放心为你提供反馈。最终，你会发现自己在不断进步，并意识到这些意见真正的好处，不仅体现在论文发表记录上，还体现在你对自己研究的满意度上，这反过来也会增强你的驱动力，让你做出更多更好的研究成果。

感谢所有为你提供建议的人，即使他们的建议表明他们完全没弄懂这个问题。他们花时间和精力去思考你的研究（至少暂时是这样），他们主动为你提供建议试图帮助你，因此，你至少表面上要保持感激。当你把论文递到同事的手上让他们发表意见时，最坏的情况就是他们看完后认为论文不值得评论。如果他们真的认为这篇论文毫无价值，那么你就应该准备好接受这种批评，了解他们为何这样认为，因为这样能让你改进自己的论文。保持开放和平易近人的姿态，让他们感觉向你提供负面反馈是没问题的。如果你自己的研究轨迹开始变得平缓，也许是因为你还没从同事那里获得足够的批评意见。院系同事的研究轨迹是否也趋向于平缓？你对自己目前取得的成绩感到满意，还是想进一步提升？

如果你试图一切都亲力亲为，不积极寻求建设性反馈，那么你的思路就会变得狭窄，看不清路上的障碍。你可能不会发现自己试图表达的观点不够清晰，或者研究的某个部分晦涩难懂，等等。没有建议和反馈的话，你可能不知道如何解决问题，甚至根本意识不到问题的存在。如果你想不断进步，发挥自己的潜力，就需要征求意见，持续搜集反馈。

永远不要拒绝别人的建议，即使建议没有作用，因为下次别人给你提供的建议可能出乎意料地有用。要一直尝试用有建设性的方式提供建议，但是如果别人不听你的建议也不要显得大惊小怪，因为他们可能心不在焉，脑海里在想跟你的建议完全无关的事情，或者你可能需要在提出批评建议的方式上下功夫。如果时机和措辞得当，那么你给别人的意见和反馈可能不仅恰当，别人将来也更加有可能为你提供有用建议。

学术带头人要全面负责建立一种开放和谦逊的院系文化，促进研究工作的分享、有效沟通和反馈。学术带头人应当给同事提供有用的、建设性的和支持性的建议，因为这能更快地推动院系的发展，而其他人也会采取这种行为。

要注意，开放和谦逊的文化的同义词是讨论、人际互动、高水平互动和反馈，以及不仅对彼此的研究和成就，而且对彼此作为人的高度尊重。如果院系的基本目标是创造科研成果，那么就必须保持尊重和礼貌，不能接受其他行为。如果你无法掌控这种环境，也没有建设性反馈的文化，那么你最好离开这个院系，加入能让你成长的院系，这样才能有利于你的研究。

9. 腾出时间做研究

你必须优先处理教学和批改作业等工作。有的时候，个人私事可能会让你没法专心做研究。重要的是要意识到，有时候其他事情比你的研究优先级更高。

要培养每天做一点研究的好习惯——腾出时间做研究——因

为这会让你的注意力集中在你花费最多精力的研究问题上。研究问题的解决方案会在你最意想不到的时候出现在你的脑海里，因此你需要经常思考这些解决方案。你忽视研究课题的时间越长，解决问题的难度就越大，你对文献做出贡献的机会就越渺茫。

把握好节奏。如果你时间灵活，那么一天不要做太多研究，也尽量不要计时。我们都需要休息，需要远离研究，重新充电。横向思维很耗费精力。总是用他人从未用过的方法思考问题会让人心力交瘁。因此，要经常腾出时间做研究，并且在短时间内集中精力做研究。

最好的研究是“生活化”的。你必须将自己沉浸在研究当中，才能全面理解它，知道如何改进。然而，只有你才知道自己需要多少时间集中精力做研究，即便如此，你也无法预知花在研究上的时间是否能取得成功。一个人只要简单地坐进一级方程式赛车就能开出最快圈速吗？不是这样的，赛车手必须了解并练习弯道，尝试不同的赛车路线，在转弯处稍晚刹车，并经常反思自己在哪些方面可以改进。所有的这些都需要练习和换位思考，你需要腾出时间练习。最敏捷和最专注于研究的人最终会对文献做出最大贡献。理解和知识都是日积月累的，人们的能力会在实践中不断提高。不经常抽出时间做研究会阻碍你的进步。

优秀的研究者会让自己的研究渗透到整个生活中，这并不是说他们会让研究工作干扰自己的生活，而是说他们允许研究和自己的生活相辅相成，他们的身份也会反映出这一点。他们在咖啡店跟非学术群体讨论自己的研究问题，对方要么感到厌烦，要么会表现出极大兴趣。无论如何，对方都可能会感谢你跟他们讨论自己的研究“问题”，认为你对他们足够尊重，想要了解他们对某些事情的看法。令人惊讶的是，一些人即使并不了解你的研究课题，也会给你提供一些启发。

学术带头人要鉴别哪些同事没有实现潜能，并弄清楚是不是因为他们没有腾出足够时间做研究。必要时要帮他们掌握时间管理技巧，鼓励他们每周腾出时间做研究。如果他们的教学和行政任务太多，请尝试帮助他们腾出一些时间，向那些增加了教学和行政工作量的人提出减少工作量的理由。好的学术带头人会积极想办法帮助自己的同事。

10. 了解你的读者 / 受众

我为很多期刊审阅过论文。令我感到惊讶的是，一些作者提交的论文根本不适合特定的期刊。我也知道有些同事特别想在优质期刊上发表论文，却将论文投给了完全不合适的期刊，这表明作者不了解编辑和期刊读者到底想要看什么内容。在提交论文之前，你要了解编辑的观点和期刊的读者，这点至关重要。同样，在大会上发言要了解听众的期待，写书要考虑读者，写报告要了解特定的利益攸关方和外部受众。

你如果误解了受众或读者的兴趣，那么就会浪费时间、浪费自己的精力。对受众的误读会导致激烈的讨论，从而导致对意识形态基础的无节制攻击，对认识论的抨击以及对世界观的分歧。即使是发表的论文并未明确涉及这些观点，发表者也并未寻求这些方面的反馈，这种情况也可能发生。

这会导致你强烈质疑自己在做什么、为什么要这样做以及这样做是否值得。你收到的反馈可能是微不足道或者看似无关紧要的。如果你想得到自己需要的反馈，那么你就要找到正确的受众和读者。

有一次，我受邀在一场外部员工研讨会上展示一篇论文，但是我事先并未花任何精力去了解听众是谁。那是一篇社会经济地理学论文，但是有一个听众很顽固，坚决从理性选择视角来理解研究问题。我的论文不是为了质疑理性选择理论，也不是想要证明使用社会经济方法的合理性，但是那个听众不这么认为，所以在那 90 分钟时间里，我感觉自己就像是在遭受酷刑。事后回想起来，那是个很重要的学习经历。如果我事先知道听众会以这种方式对待一个话题，那么我就会展示另一篇建立在不同假设基础上的论文。这是一次错过的机会，也是一次艰难的学习经历。

在向期刊提交论文时也会遇到同样的问题。编辑人员会根据特定的意识形态、认识论、方法论或阐释性视角，对什么是高质量的论文持有特定的世界观，而且期刊很少有足够的开放性和灵活性来接受这些领域的巨大分歧。你必须知道自己的读者 / 受众是谁，否则你的研究就不会被接受，这样会导致长期拖延，推迟论文的发表。

学术带头人应该就向何处投稿向同事提供建议，并就稿件是否可以投稿提供指导。各机构应该确保学术带头人有时间和学识阅读同事的论文，并为同事提供建设性批评意见，以确保论文投给目标读者正确的期刊。优秀的学术带头人应该全面了解能刊登同事研究成果的目标期刊，否则他们就会让团队失望，无法为缺乏经验的同事提供足够的支持和指导。

第二部分

你会在最意想不到的时候找到灵感

我的经验告诉我，学者不像机器，只要按按钮就能加速产出更多研究。研究需要灵感和思考与发展的时间：如果不花时间深入思考，你的想象力就无法自由创新，想法就无法成熟。灵感只会乍现，思考也不会一直高效。出于这些原因，你应该做好心理准备，你的研究可能只会偶尔取得进展和高效。

然而，想要提高研究成果的产出率似乎有不同的途径，这部分概述了 10 种方法，这些方法似乎在不同程度上对不同的研究人员有效。通过尝试你认为可能让你受益的其他途径，找出适合自己的方法。如果某种方法过去不奏效，并不意味着你现在或将来就应该放弃它。请灵活应对不断变化的研究需求。

11. 好研究是偶然出现的

每当我听到资深同事想要每年发表一项高质量的新研究成果时，我都感到惊讶不已。只有极少数学者能在纸上动笔，并期望做出足以在高质量期刊上发表的成果。

研究很难，而初出茅庐的研究人员和天真的院系主管往往会低估这一点。在拨出时间激发我们的研究想象力之前，我们还有其他必须先完成的事情。研究工作需要优先进行，但研究人员也需要处理好其他事情，以便有时间进行研究。

> 先做必要的事情，接着做可能做成的事情，突然之间，你会发现自己正在做不可能完成的事情。
>
> ——圣方济各（St Francis of Assisi）

研究是一场旅行，优秀的、有洞察力的研究经历是罕见的、独特的、混乱的。关键是，灵感会在你最意想不到的时候出现。

有时候，具有洞察力的想法会给你答案，也就是顿悟时刻。当然，很多时候，我们需要时间通过系统性的努力寻找问题的答案。维特和扎克斯（Wieth and Zachs, 2011）[1] 发现，当人们必须解决需要高水平创造力的“洞察力问题”时，在一天中警觉度最低的时候处理这些问题更容易成功。他们还发现，人们在非最佳工作时间（当他们认为工作不是最高效的时刻）更容易遇到顿悟时刻。我们往往会认为，自己在一天中的某个时间段工作效率最高，因此一些人会在早上做研究，而另一些人会熬夜做研究。因此，维特和扎克斯告诉我们，具有洞察力的想法往往会在我们最意想不到的时候产生。

依靠偶然出现的观点存在的主要问题是，你不知道自己何时会获得那个改变业界面貌的观点。你不想忘记它，但是它可能会在你离开办公室甚至是不带纸笔的情况下出现在你的脑海里，因此我建议你随身携带记事本或智能手机。

是的，我们的很多观点可能是胡思乱想，后续需要大量修正，但是如果不在观点刚开始出现的时候记下来，就可能会忘记。

出于某些原因，我经常会在跑过光荣古老的塞文大桥或穿过埃克斯穆尔乡间小道时灵光乍现。我不得不在加油站停下来，问工作人员是否可以借支笔让我把想法写在纸上，或者问把车停在路边的司机是否可以给我一张纸写点什么。我甚至用脏水在我胳膊内侧写下关键词，提醒自己回家后思考某件特定的事。我最好的几篇论文的构思都是在梦中出现的，我会半夜从梦中惊醒，翻出床头柜上的便利贴把它们写下来。

我知道有的学术机构要求员工每四个月更新一次科研活动进展，以确保他们能按时完成学术研究目标。设置这些目标的人，往往是在学术研究方面没有取得多大成就，于是转而从事行政或管理工作，并且 / 或者只是一味地听从上级的指令，实施一套他们认为能有效生成研究成果的体系。这类期望无法反映研究过程的实际情况，只是根据对研究如何真正开展的天真看法。由于好研究是偶发的，设置这些目标只能打击那些试图对文献做出巨大贡献的积极研究者的士气，压抑研究者的横向思考能力，鼓励他们对文献做出更小的、非实质性的贡献，让研究者质疑院系主管跟产生优质研究的过程有多么脱节，让积极研究者质疑行政主管是否真的了解创造真正创新的研究成果到底有多难。

招聘到合适的研究者至关重要，因为他们有内在的动机持续产生研究成果[2]。学术带头人接下来需要支持同事，启发他们的思维，激励他们打开想象力，提出能够刺激他们大脑的问题，给他们展示想法的机会。学术带头人也可以让同事对自己的研究发表看法，因为这不仅能帮助学术带头人（往往以意想不到的、偶发的方式），还能让同事感受到自身的价值与尊重，他们能为其他人的研究做出贡献。给有内在动机的同事施压，要求他们从事高质量的研究，很可能会起到负面作用[3]。

■ 注释

1. Wieth, M. B. and Zachs, R. T. (2011), “Time of day effects on problem

solving: when the non-optimal is optimal", *Thinking and Reasoning*, 17(4), pp. 387–401.

2. Grant (2008)发现，内在动机能强化亲社会动机和绩效/生产力之间的关系。请参考Grant, A. M. (2008),"Does intrinsic motivation fuel the prosocial fire? Motivational synergy in predicting persistence, performance, and productivity", *Journal of Applied Psychology*, 93(1), pp. 48–58。
3. Ariely等人（2009）发现，很多人对激励因素的理解都是错误的，一些外在激励因素对生产效率有反作用，因为他们会减少人们的努力。他们发现，财务（外在）激励因素会降低个人绩效，部分原因是这会消除职业自豪感。请参考Ariely, D., Gneezy, I., Loewenstein, G. and Mazar, N. (2009), "Large stakes and big mistakes", *Review of Economic Studies*, 76, pp. 451–469。

12. 定期做研究，但是不要筋疲力尽

我们只有足够放松和冷静，才能产生好观点，并意识到哪些观点是好观点。当我们过于努力工作时，可能会做出平凡的研究，但是很少能做出杰出的研究。

好的研究是洞察、努力、反思和重新评估的结果。定期参与研究能让我们反复考虑课题，经常重温研究能让我们的潜意识仔细考虑主题，并用我们当时没有意识到的方式来琢磨和塑造研究。定期做研究很重要，因为我们大多数人都无法突然写出经得起时间考验的论文，但是正是这些经得起时间考验的论文才能改

变学科面貌，或者成为其他人研究中引用的经典论文。

遗憾的是，这种思考、反思和重新评估需要时间，而很多人在研究活动中却没有足够的时间。尤其是思考和反思，不能强求。实际上，当我们享受和欣赏研究过程时，而不是想完成什么事情的时候，思考的效果似乎更好。尽管有人可能会沉迷于多写论文，并为此耗尽醒着的每一个小时，但是经验告诉我们，保持工作与生活的平衡能让我们更有效地思考和反思自己的工作，更快产生具有洞察力的观点。

做某件事太专注太频繁，就很容易对它失去兴趣。我们必须沉浸在自己的研究当中，但是当研究课题成为一件苦差事时，就不那么有意思了；这时候就要重新评估生活中的平衡和努力。

你需要腾出时间在公开和非正式场合跟同事讨论观点。等到筋疲力尽时，再调整工作节奏就太迟了。我们应该停下手头的工作，休息一段时间，等精力恢复后再研究这个课题。

避免筋疲力尽的一个好方法是定期休息。我们可以停下来喝杯咖啡，呼吸一口新鲜空气，反思自己的研究方向是否正确。我们往往可以在茶歇时间跟朋友和熟人打招呼，但是也可以谈谈自己手头上从事的研究。当然，我们会跟关系不错的朋友和同事一同喝咖啡，但有时候，我们也需要跟那些并不总是很投缘的人一同喝咖啡，因为他们可能会为我们提供富有洞察力的意见，促使我们反思一些自己无法凭直觉去做的事情。

学术带头人应该留意同事是否出现以下情况：科研活动参与情况发生变动；休息习惯发生改变；痴迷于某个问题并且不公开

讨论；闭门造车和脱离实际；对还没有讨论过的想法给予特别高的评价；以及工作满意度发生变化。观察到这些行为改变后，可能需要仔细讨论，通过讨论辨别是哪些事情给同事造成了不堪忍受的压力。他们可能对自己的研究期望值过高，这会降低他们的愉悦感和想象力，从而削弱他们有效从事研究的能力。

13. 做研究要经常休息（每 45 分钟一次）

斯坦福大学[1]丹·施瓦茨（Dan Schwartz）的研究表明，抽时间散步能提升创造力测试的成绩。从研究活动中抽身再重新投入研究，能让我们更长时间地集中注意力。长时间连续工作，工作效率可能无法达到最高状态。

当按照自己的自然节奏工作时，我的工作效率最高，所谓自然节奏，就是先紧张工作，再间歇性地休息。计时应用程序 DeskTime[2] 发现，工作效率最高的人每工作 52 分钟休息 17 分钟。DeskTime 还发现，工作效率最高的员工往往不实行 8 小时工作制。

秘诀绝对不是在办公室里旷工，而是确保自己在创造力最强时高效率和高效益地工作，并努力培养和提升这种最强创造力发生的频率。

利尔（Loehr）和施瓦茨（Schwartz）[3] 的研究表明，人类有一种“超昼夜节律”，我们在一天中会经历能量的起起落落，这会影响方方面面，包括大脑活动。当能量水平上升时，我们的注意力、创造力、情感韧性、心理耐力和意识也会随之提升，而这些在从事研究时都至关重要。

但是，一小时左右以后，这些水平都会开始下降，身体需要短暂的停机时间来恢复和再现这些水平。我们在研究中之所以会出现这种情况，部分原因是疲劳、眼疲劳、上肢问题（由于过度使用键盘）和在电脑前姿势不良造成的背痛。

如果你发现自己一个小时左右就会出现懈怠，或者难以集中注意力，那么你可能需要休息和恢复。最优秀、最高效的学者工作时间并不比我们长，但是他们集中精力工作时，似乎做了更多密集的、深思熟虑的活动。

我喜欢集中精力做 50 分钟定义明确、可以完成的小任务，然后围着办公楼走上 10 分钟。但实际上，我集中精力工作的时间可能是 90 或 120 分钟，只是因为我无法控制自己，没意识到时间是如何流逝的。在这段时间里，我的效率依然很高，但是我接着就要休息 20 ～ 30 分钟，否则就会开始感到疲劳。

当这种“工作 / 休息”模式出现在仅做研究的日子里时，这些循环可能会一天出现 5 ～ 7 次，具体次数取决于午餐休息时间的长短，而午餐休息时间往往不够长。

休息时间可以做很多事情，但是最好是做能放松身心的事情，例如呼吸新鲜空气、欣赏乡村风景或冥想，而不是查看社交媒体或新闻。尤其是冥想，它能降低焦虑水平，提高你控制情绪、控制思考和控制忧虑的能力。

学术带头人应该经常与同事保持联系。在办公室工作的一天中，学术带头人应该预料到自己会经常被打断。学术带头人的任务主要是确保资浅同事能够得到帮助，并指导他们如何解决研究问题。

不过，学术带头人还有责任提供精神关怀，确保资浅同事不过度紧张，能经常休息。学术带头人必须习惯性地巡视院系[4]，检查同事们的休息情况，不要剥夺他们的正常休息时间，因为休息能为产生洞察力和观点创造空间和机会。

学术带头人应该了解同事的兴趣点，知道他们关注哪些体育队，他们的生活中发生了哪些事。这样的话，如果同事看起来很疲惫或压力很大，学术带头人就能发起对话，让同事回到现实当中，也许是喝杯咖啡或者在校园里散步聊天。重要的是，学术带头人还应该鼓励至少一名同事不时地去看看他们，因为资浅同事频繁打断学术带头人，会妨碍学术带头人自身的研究取得进步，增加他们的压力。学术带头人也需要经常休息！

■ 注释

1. 请参考https://news.stanford.edu/news/2014/april/walking-vs-sitting-042414.html。
2. 请参考http://www.desktime.com。
3. Loehr, J. and T. Schwartz (2005), *The Power of Full Engagement*, Simon and Schuster.
4. 杜威认为，行动习惯是可以适应独特情况的灵活反应，而不是具有既定结果的机械反应。请参考Dewey, J. (1922/2012), *Human Nature and Conduct*, Digireads。

14. 锻炼

定期参加能提升心率的锻炼。锻炼能提高你的专注力，并能通过释放血清素立即改善你的情绪。焦虑水平一旦降低，人的专注力就会提升，并且能持续较长时间。

纽约大学神经科学中心的神经科学和心理学教授温迪·铃木（Wendy Suzuki）认为，锻炼是最能改变大脑的事情。这是因为:（1）锻炼能直接影响大脑；一次锻炼就能立即提高神经递质（例如多巴胺、血清素和去甲肾上腺素）的水平，从而在锻炼后立即改善情绪；（2）一次锻炼能提高转移和/或集中注意力的能力，而且这种提高至少能持续两个小时；（3）研究显示，一次锻炼就能提高反应速度[1]。她还表示，锻炼后立即带来的短期好处可以产生更长期的好处，因为锻炼实际上改变了大脑结构、生理和功能。她认为，锻炼能增加脑细胞数量和脑容量，改善长期记忆力、注意力和长期情绪。

要随时进行锻炼。我认为，最好是将锻炼纳入日常作息表中：走路上班或者午饭休息时间在校园散步20分钟；上楼走楼梯，而不是坐电梯；走路去商店，而不是开车。最好的想法往往不是在你聚精会神解决问题的时刻出现，而是在大脑放松的时刻出现。我的灵感常常是傍晚在郊外跑步时产生的，在新鲜的空气中，周围的风景让我心情放松、精神振奋，似乎刺激了我的潜意识去解决那些长期悬而未决的研究谜题。与知情且感兴趣的同事边走边聊也能产生类似的效果。

有越来越多的文献强调锻炼跟大脑发育有关。鼓励你的同事多参加体育活动，例如组织同事午休时间在校园散步，创办员工壁球联赛或五人制足球队，但是要注意让所有同事都参与进来。

我之前所在的一所大学鼓励体育锻炼，尤其是在二月。他们每年举行一场计步挑战赛，我们院系每年都会组队参加。我们从来没赢过，但这并不重要，因为重在参与。在这场竞赛中，大家需要走得更远，来增加队伍的总步数。有一年，大学改变了标准计步系统，要求记录两周内的步数，第一周是创建一组基线数据，第二周才记录实际步数。有意思的是，我们队伍里每个人第二周的步数都比基线周的多，也许是因为他们不仅想增加队伍的总步数，还想确保自己的步数在第二周增加。现在，我无法确信长期参加锻炼的人数是否增加，或者队伍成员的整体专注度是否有所提升，但是我们的确感觉团队成员之间的关系更加亲近了，而这带来了重大好处。

■ 注释

1. 请参考https://www.ted.com/talks/wendy_suzuki_the_brain_changing_benefits_of_exercise?language=en。

15. 了解自己在合作研究中的优势

跟独立研究相比，合作研究也许更简单，也许更难。你在大会上发言完毕后，受到你发言影响的某个人接下来就会跟你喝咖啡，这种情况并不罕见。请放心，这是件好事。当他们建议一起撰写后续论文，将你的想法和他们的想法结合起来时，这可能是加速你的研究、探索意想不到的切入点的有效方法。无论你是否决定跟他们合作，都应该基于明智的判断，而不是对演讲后的互补的、令人愉悦的对话的自动反应。

想想你能否为这项研究做出重要贡献，这项研究会占用你多少时间，让你无暇顾及其他优先级各不相同的研究，潜在合作者的素质和能力，你期待学到多少知识，以及这种知识将来会为你带来哪些帮助。创建人际关系网络是件好事，但是这些网络和关系应该有效地运作，而这取决于你能为团队带来哪些优势，也取决于团队的优势。

无论好坏，合作研究都可能让你从自己的研究活动中分散注意力。帮经验不足的同事或协助他人开展研究是件好事——这类学术活动会为你赢得好名声——但是如果合作开展的项目跟你自己的研究领域差异太大，或者无法有效利用你的时间和精力，那么可能会让你受挫。通过合作，你可以扩大自己的人际网络，让更多人了解你的研究能力。这是你反思自己的优势领域的好机会，但是负面影响是，你的弱点也会不可避免地被人知晓。如果你的合作对象态度积极，那么他们会欣赏你的优势，你们会集体合作，取长补短。这意味着你需要了解自己的优势，并为研究团队做出贡献。

要确保自己在任何合作研究中都有机会成长，确保能利用自身优势领域做出重要贡献。如果二者都无法实现的话，那么你就要严肃考虑拒绝合作邀请。还会有很多其他合作机会，尤其是当你在大会上以亲切、聪明、思路清晰、态度积极的研究者形象示人的时候。

如果你的合作方希望你完成所有工作，那么合作就会出现问题。如果他们只是想把任务外包出去——也许他们将此合理化为鼓励经验不足的员工或者节省自己的宝贵时间——那么他们可能仍然会轻视你。他们唯一会认可的是，你是否正确、按时、不折不扣地完成了工作：如果你因为做自己领域之外的工作花费了更长的时间，那么他们对你的印象可能会变差。我建议你一开始就明确规定好每个人的责任，不要跟那些只想节省自己时间和精力的学者合作。

另外，你可以利用这些机会向优秀者学习。他们可能会借此机会向你展示新技术、不同的视角、替代框架或者其他能让你长期受益的东西。从根本上说，合作机会来临时要善于反思，因为这些机会不一定总能给你带来预期的好处。

如果你知道自己的某个同事被利用，而且你认为这对他们而言是个糟糕的经历，那么你就要强调其他对他们更有利的工作和人际关系，以此支持他们。

此外，要积极鼓励同事参与合作研究，因为这样能拓展他们的技能、人际关系网络、视野和知识，这将有助于他们的职业发展，提升在院系里的表现。

学术带头人应该积极为同事寻找合作科研活动。他们可以在自己的人际关系网络中推广同事的技能，鼓励学者之间进行知识分享和融合。学术带头人可以用清晰的例子展示合作的好处，例如强调院系内同事合作撰写论文的好处。学术带头人必须在这个学习过程中培养同事的能力，因为这能让他们的同事在成长过程中受益匪浅，而他们自己和院系也将从中受益。

16. 问不平常的问题，才能发现不平常的事物

大胆地问不平常的问题，才能得出十分有趣的答案。研究中出现的不寻常事物能让你的研究显得与众不同，这种与众不同会增加你的研究被接受发表的可能性。

每个学者也许都感受到了顺应主流观点的模仿压力。与其将这些压力当作主流观点跟异端观点之间的竞争，不如试着将这些对立的观点视为相互依存、相互作用、相互竞争的关系，这种关系鼓励通过运用对立的力量生成新观点。毕竟，是不是主流观点是由社会和意识形态决定的。要敢于提问，多问问“那又怎样？”，因为这可能意味着你会得出最终结论：一些事情微不足道。

白日梦是想象过程的重要组成部分。白日梦赋予我们横向思

维的能力，而且白日梦在很多情况下具有建设性[1]。维诺德·梅农（Vinod Menon）的研究表明，白日梦对我们有益。

> 脑力休息时间可以调动……（解决问题的）大脑系统，允许我们用不同的方式慢悠悠地想问题，将我们在其他情况下可能不会具备的不同想法联系起来，反思我们的想法和行动，并将难忘的事件内化，从而丰富我们的内心世界。[2]

脑力休息时间（包括睡觉和做白日梦）是必要的，而且已被证明是参与更多深刻创新的一种方式；它能让我们偶然发现注意力高度集中时没有意识到的非常规问题。例如，霍姆（Home, 1988）[3] 发现，缺乏睡眠的人创造力不足；沃克（Walker, 2009）[4] 发现，睡眠能增强人与人之间的联系；瓦格纳等人（Wagner et al, 2004）[5] 发现，充足的睡眠有利于进行深刻思考。沃克等人（2002）[6] 发现，当研究中的受试者在快速眼动时从睡梦中被叫醒，他们在解决问题时的表现更好。众所周知，眼球快速运动是推理流畅、思维灵活的表现。

我们还知道，睡眠时间越长，劳动力市场上的工资也越高（Biddle and Hamermesh, 1989）[7]，尽管因果关系还有待商榷。吉布森和施雷德（Gibson and Shrader, 2018）[8] 发表的一篇论文试图解决这个因果关系问题。他们发现，每周睡眠时间平均增加一小时的话，短期收入增加 1.1%，长期工资增加 5%。有待验证的是，吉布森和施雷德的结果到底是因为睡眠时间增加让人们心情更加愉悦，不容易发怒，还是增强了横向思考能力，提升了解决问题的能力。

所以，只要有机会，就抓紧时间睡觉、放松、让大脑尽情驰骋。你将有意识、有目的地产生想象力和知识。要意识到，你在拼命工作时需要更多休息时间，休息时间甚至可能帮你解决萦绕在脑海里的问题。与其加班，不如休息。

学术带头人要确保同事不疲劳过度，知道休息。从长远来看，这是产生创意的必要条件，也是确保同事们高度幸福感的必要条件。总是有一些同事为了取得更大的成就而不断鞭策自己，这固然值得钦佩和表扬，但是也有一个临界点，过了临界点之后，就会对人的健康造成负面影响。你应该希望同事问不平常的问题，自由地用非标准方式问这些问题，这常常需要他们腾出休息时间做白日梦。

如果学术带头人发现同事在做白日梦，应该祝贺他们抓住了这个机会，并鼓励他们自信地分享那些跟研究相关的奇思妙想。学术带头人也应该在工作时做白日梦，而且要做得很明显，以便向同事表明这种做法是完全可以接受的，而且实际上这是富有想象力的思考的体现。

■ 注释

1. Tierney, J. (2010), “Discovering the virtues of a wandering mind”, *New York*

Times, published June 28th.

2. 请参考https://news.stanford.edu/thedish/2014/09/30/stanford-psychiatrist-tells-us-why-it-is-good-to-daydream/。
3. Home, J. A. (1988), "'Sleep loss' and 'divergent' thinking ability", *Sleep: Journal of Sleep Research & Sleep Medicine*, 11(6), pp. 528–536.
4. Walker, M. P. (2009), "The role of sleep in cognition and emotion", *Annals of the New York Academy of Sciences*, 1156, pp. 181–183.
5. Wagner, U., Gals, S., Halder, H., Verleger, R. and Born, J. (2004), "Sleep inspires insight", *Nature*, 427(6972), pp. 352–355.
6. Walker, P., Liston, C., Allan Hobson, J. and Stickgold, R. (2002), "Cognitive flexibility across the sleep–wake cycle: REM-sleep enhancement of anagram problem solving", *Cognitive Brain Research*, 14, pp. 317–324.
7. Biddle, J. E. and Hamermesh, D. S. (1989), "Sleep and the allocation of time", NBER paper 2988.
8. Gibson, M. and Shrader, J. (2018), "Time use and labor productivity: the returns to sleep", *Review of Economics and Statistics*, 100(5), pp. 783–798.

17. 读、写、重读、重写

做研究就像是一场发现之旅，过程中充满曲折，有时候会取得巨大成就，有时候会进入死胡同。写作和改写能提升论证的清晰度，帮你反思和重新评估各论点之间的联系。改写论文还能让你更深入地思考这些问题，甚至可能从一个稍微不同的背景出发，从而产生更多的观点和反思，尤其是关于各论点之间的联系。

撰写发表在期刊上的论文是个反反复复的过程，你不仅要改写自己的论文，还要根据理解问题的新方式重读其他人的论文。当我们的观点还在萌芽阶段时，我们无法充分理解这些观点的全面影响，因为这样，我们可能无法将自己的研究和他人的研究联系起来。我们在阅读文章，尤其是书籍时，需要拿起、放下、向前翻、向后翻，这种反思很费时。不幸的是，如果电子版的阅读许可限制了我们在任何时候阅读超过 30 页或一章书的能力，那么电子版书籍就会严重影响前后翻阅书本的体验。

研究问题也会逐渐演变。在描述变量之间的关系时，我们的脑海里会涌现新的措辞和思考，然后将它们视为已有观点的再现，或者是新贡献。所有这些都需要时间来发展，并与现存文献相互参照，但这是必不可少的。重读和改写论文能让论证更加简洁、更加完善、更有意义、更加流畅。

研究的循环过程，包括估计和重新估计结果，可以被归类为 HARKing，即在已知结果后提出假设（Kerr, 1998）[1]。鲁宾（Rubin, 2017）[2] 详细地讨论了 HARKing 什么时候会对科学不利，而霍伦贝克和赖特（Hollenbeck and Wright, 2016）[3] 则认为 HARKing 会以两种形式呈现：SHARKing（秘密 HARKing）和 THARKing（透明 HARKing），其中 THARKing 可以说是合理的。

考虑到社会科学中反复出现大量二次数据分析，人们很难从已发表的论文中绝对排除 HARKing 的可能性。即使我们得到了结果后不再重新审视和修订，读者也会根据自己的经验、深入阅读、反思和对混淆问题的看法等来对我们的结果做出细微的解释。我们要撰写和改写论文来缓和并控制对结果的过度解读，但是我们也需要这样做来强化观点，并意识到它们在不同情境下的联系。

当我们首次校对数据，对生成可供分析的数据库感到满意时，往往容易过度自信地得出结论。要小心，确保自己不要得到最初结果后就得意忘形，因为这些结果可能只是证实了你没读到的或者刻意忽视的其他人的结果，因为你不希望自己的分析会走别人的老路。

我们很难决定一篇论文何时可以反馈，何时可以提交给期刊。如果过早向期刊提交论文，而得出的结果不像你宣称的那样新颖的话（也许审稿人会告诉你其他人已经尝试过这些方法了），那么你应该等待，并彻底审阅和重读文献，以反思和确认研究的真正价值。另外，如果你迟迟不提交论文，而论文中又有一些非常新的、与时间相关的发现，那么你就会错过最佳时机。时机很难把握，你应该向值得信赖的、有相似研究兴趣的同事寻求建议。

重要的是，要改写你的论文，将与时代相关的观点放进论证里，尤其是你的审稿人会期望你也身处该领域知识的前沿地带。将这些知识编织到你的论文里，可以让你创造新知识、新联系，并对文献做出新贡献。

学术带头人应该提供建议和指导，告知论文何时、是否准备好提交给期刊。他们应该强调及时提交的重要性，并向经验不足的同事征求类似建议（也许可以同时询问他们信任的导师）。遵循这个流程的话，学术带头人就能加强部门内同事的关系。

如果学术带头人十分熟悉同事的论文，那么他们应该也能让同事注意到新的文献，或者他们可以请另一所大学的同行给资浅同事提供反馈。

学术带头人的一个好做法是，确保资浅和资深同事持续留意新文献。这很容易做，只需要转发包含最新期刊目录的电子邮件，尤其是他们可能不会特别关注的期刊。这种简单而用心的过程能给人留下深刻印象：学术带头人随时准备好支持和帮助资浅同事。

■　注释

1. Kerr, N. L. (1998), "HARKing: hypothesising after the results are known", *Personality and Social Psychology Review*, 2(3), pp. 196–217.
2. Rubin, M. (2017), "When does HARKing hurt? Identifying when different types of undisclosed post hoc hypothesising harms scientific progress", *Review of General Psychology*, 21(4), pp. 308–320.
3. Hollenbeck, J. R. and Wright, P. M. (2016), "Harking, Sharking and Tharking: making the case for post hoc analysis of scientific data", *Journal of Management*, 43(1), pp. 5–18.

18. 在不同的经历中茁壮成长

多样性是生活的调味品。我们自身的特殊经历会激发我们在可能相关的问题之间建立截然不同的联系。生活经历类似的人可能会产生相似的联系，但是有时候，我们不同的成长路径才是推动知识进步的关键。

拥抱多样性、接触新体验、花时间反思新知识，都会影响我们做研究的方式，也会影响我们解释、接受新知识，并将其融入研究的方式。多样化的经历还能让我们从稍微不同于常规的角度来质疑事物，这在尝试重新阐释和加强我们对信息的集体理解时十分有益和有用。走出你的舒适区！

停留在舒适区能为你提供安全感，但是也会让你和你的研究更加容易预测，不大可能对知识做出独特贡献。你的舒适区会限制你对机会的响应能力，让你不再挑战自己和自己的观点，让你陷进沟里，不回应现实世界的挑战。

但是，太多的不适感（例如公开演讲、媒体参与或将你的主题当作不同学科的服务模块教学）可能十分可怕。跳伞可能会挑战你的恐惧感，让你意识到，让你退缩的人常常是你自己，有时候是为了回应你的经历，但是有时候是为了回应社会规范（两者可能都脱离情境，当前不能让你退缩）。不要被自己的恐惧和偏见左右，而是要消除这些期待，并从这些机会中获得最大收益。这样，你就能学会突破自己强加的限制。[1]

抓住一切机会去体验不同的情境，收集不同的理解，获取并欣赏不同的观点。从诸多截然不同的经历中茁壮成长，并积极搜寻这些经历，因为它们能增强你对各种社会问题的理解，甚至推动你自己的理解。

有意去往不同的地方撰写论文。在西班牙或英格兰湖区，或者其他能激发你灵感的地方住上一周，可以刷新你的反思性写作风格，让你有信心用鼓舞人心的方式撰写论文。

在具有挑战性的不同环境中向其他学者介绍你的研究，因为你可能会对他们的问题和自己敏捷的反应能力感到惊讶。要留意这些不同环境中的各种提问角度，确保自己知晓审稿人可能会从哪些方面看待你的论文。

学术带头人应该展示自己走出舒适区的能力，并强调鼓励这种行为是为了推动学术进步。处于充满挑战的支持性环境中，有利于加速知识创造和创新研究。如果其他大学的同行对你单位内部演讲者的主题感兴趣，那么就邀请他们参加你的员工研讨会。鼓励他们（用善意的、建设性的批判态度）提出探究性问题，以突出他们对演讲者主题的兴趣（特别是当演讲者是资浅员工时），并对演讲提出质疑，希望能推动演讲者的研究。

帕特里斯·戈登（Patrice Gordon, 2020）在一次鼓舞人心的 TED 演讲中表示，资深同事往往存在盲点和偏见，因此需要反向指导[2]。资浅员工非正式地指导资深员工，能让他们拥有更强的主人翁意识和价值感，但是远远不止于此，因为它还能增强研究团队的人文（而不是功能）倾向。戈登认为，资深员工如果能意识到并理解不同的观点（这些观点往往是由参与其中的资浅员工提请他们注意的），那么他们就会变得更加包容，成为更好的领导者。虽然我们可能需要将这些反向指导机会正式化，但是最好的领导者已经对资浅员工持开放、可接近的态度，非常欢迎这类启发式互动。分享这些不同的经验和观点能拓宽各级别同事的理解和视野。

■ 注释

1. Raglin and Turner（1993）强调了处于最佳功能区对运动员的益处，Keeley等人（2008）发现本科生也处于类似的功能区。请参考Raglin, J. S. and Turner, P. E. (1993), "Anxiety and performance in track and field athletics: a comparison of the inverted-U hypothesis with zone of optimal function theory", *Personality and Individual Differences*, 14(1), pp. 163–171; Keeley, J., Zayac, R. and Correia, C. (2008), "Curvilinear relationships between statistics anxiety and performance among undergraduate students: evidence for optimal anxiety", *Statistics Education Research Journal*, 7(1), pp. 4–15。
2. 请参考https://www.ted.com/talks/patrice_gordon_how_reverse_mentorship_can_help_create_better_leaders?language=en。

19. 打磨论文需要很长时间

所有论文都应该平衡好全局和细节，但是不同的期刊、审稿人、编辑和读者对平衡的看法存在差异，而这关乎论文到底是被接受还是被拒绝。学术论文应该论证清晰，令人信服。论文越容易阅读和理解，就越容易被接受发表，因为写得差的论文几乎总是会得到令人不满意的评审报告。但是，论文的清晰度跟观点的连贯性有关，一个人眼中的清晰观点，在另一个人眼中可能并不清晰。

在全局和细节之间取得平衡并不容易。要尽量排除偏离主要研究领域的细节，但是要包括有趣的、能展示你知识深度 / 广度的细节。

根据我的经验，论文最重要的两个部分是摘要和前言。如果摘要不能吸引编辑的注意，那么你就要做好直接被拒的准备。如果前言部分不够有力，未强调论文的贡献，或者未强调论文对文献的实质性重要意义，那么审稿人在读完论文之前就会丧失热情和好感。要确保你的论文清晰地说明了自己的内容和观点既新颖又重要。

请有丰富发表经验的人阅读你的论文，并就论文是否“准备好”向期刊投稿发表意见。从同事那里获得有用的批评性反馈并将其纳入论文中，总是会节省时间，因为这能让论文论据更加充分，更有可能使论文中包含的实质性论点让读者眼前一亮。如果你的同事不了解某些内容，或者认为某些内容不够清楚，又或者他们更喜欢用例子支持特定观点，那么审稿人也可能会有相同的看法。

仔细打磨论文需要花大量时间，因为你要反问自己，自己的贡献是否能被持不同观点的人理解。它还要求你反复推敲审稿人可能拒绝论文的原因，这样你才能在审稿人有机会提出问题之前消除这些问题。通常情况下，观点的组织和连贯性要比内容更加重要。如果你认为这很困难，那么就在写完论文草稿后隔四周再来润色。把论文搁置一段时间可以让你用新眼光批判性地反思论文，也可以对文本进行适度的改写，从而更雄辩地表达自己的观点。

论证的流畅性是论文的一个重要方面。无论切题的评论多么有趣，都必须放在脚注或尾注里（取决于期刊的风格）以确保接下来观点的流畅过渡。论证必须直截了当，不能拐弯抹角。

学术带头人拥有大量的期刊论文写作经验。他们应该将自己的发表经验传授给同事，并经常主动阅读同事的论文并提供反馈。通常情况下，资浅同事意识不到，有效打磨论文需要付出巨大努力，读者对句子有不同的理解方式，而且有必要确保整篇论文论证清晰。当然，论文越长，做起来就越困难。学术带头人应该编辑工作论文或讨论论文，充当把关者，确保同事研究成果的质量、清晰度和简洁性。鼓励提交工作 / 讨论论文，并提供快速（最多 10 天）的周转时间，这是个好做法，能降低同事收到期刊拒稿信的概率，以及由此可能导致的士气的下降。

20. 学会从研究中抽出时间

我在参观不同院系时，一个经常让我感到惊讶的现象是，办公室都大门紧闭，员工缺乏交流。我还对一些人的工作节奏感到惊讶，他们的工作时间大幅超过了合同规定时间。我们都遇到过不自在和不方便的截止日期，很多人还有大量的教学任务。然而，让你的大脑从努力完成特定任务中得到休息，是至关重要的。你必须给大脑休息的时间。过度工作不仅会使你更容易筋疲力尽，还会使你变得无趣，跟现实脱节。缺乏休息时间对你个人和职业都有害。

要想恢复内部动机、避免精疲力竭、恢复个人魅力，休息时间是必不可少的。从工作中抽离，可以被视为心理的重要修复，它可以让你的身体从压力和心理紧张中恢复过来。事实证明，休息，准确地说是做白日梦，对于增强想象力至关重要。马努什・佐莫罗迪（Manoush Zomorodi, 2017）[1] 回忆了跟桑迪・曼（Sandi Mann）博士的一次谈话，后者对人类做了一些实验，证明了有休息时间、会感到无聊的人要比没有休息时间、从未体验过无聊的人更具创造性思维。

只学习不玩耍，聪明孩子也变傻。（谚语）

在你的研究日程中加入定期休息时间，频率要足以确保维持自己做研究的内在动机，让观点源源不断地出现。当你开始觉察到自己犯了太多令人沮丧的错误后，或者很少产生有创意的观点后，你就知道到了该休息的时候了。当你的大脑有机会清理思绪并平静下来时，你才能更高效和有效地工作。恢复活力后再来看研究问题，能提升你的准确性和专注度，让你更快地解决研究问题。

学术带头人应该通过鼓励同事参与学院的业余活动来树立先例。这些活动应该安排在不同的时间点，这样所有人都有机会参与。例如，下午 3 点后，有家室的研究者就要照顾孩子，无法参与活动。建议之一是安排在部门的茶歇时间，尤其是在有员工休息室的情况下。

我的一位系主任每个星期五下午都会来我办公室看看我的工作情况。这些看似临时的对话一开始是友好而好奇地询问“你今天在做什么研究？”，但是很快就转变为“这周末你要做什么有趣的事情吗？”。简单地用社交的、跟工作无关的方式进行交流——不要打扰对方——可以为工作场所带来急需的现实感检查，尤其是当你的研究相当抽象的时候。

■ 注释

1. Zomorodi, M. (2017), *Bored and Brilliant,* St. Martin's Press.

第三部分

扩充你的方法工具箱

像美国经济学会[1]这样著名的团体都不得不提醒会员注意多样化研究中的最佳实践，就能反映出人们对社会有多么失望了。美国经济学会需要提醒经济学家注意“广泛阅读和引用”“包容性地思考”，尤其是要“在替代性研究方法中寻找价值”，从而“提升你的研究和整个学科”。布鲁斯·考德威尔（Bruce Caldwell, 1989, p. 44）说过一段很有名的话：

> 方法论的声明通常只是经过粗略的思考：它们看似随意地引用有时不相容的哲学立场；在科学客观性的外衣下，通常隐含着精心掩盖的政治议程；几乎总是要引导读者接受某个特定的理论；而且往往有一个特定的对手以及同路人，但他们很少被明确地指出。[2]

一些社会科学学科存在着势利眼，尤其是在选择研究方法方面，而且这种现象已经存在了数十年。造成这种浮夸的部分原因是，学科内的作者需要遵循方法论的预期，并符合他们自身狭隘的方法论训练。一些大学在某些社会科学学科中只教定量研究方法！扩大本科生和研究生阶段研究方法训练的广度有助于改正这个问题。

我们可以在社会科学研究中采用各类研究方法。我们应该选择最适合研究问题的方法，但是该研究方法也许并不符合某个学科的方法论预期。修改研究问题的措辞，这样你就能用单一方法回答问题。但是这并不能成为你不了解其他方法的优势和不了解本学科首选方法的局限性的借口。知识要想取得有效进展，就需要我们运用适当的研究方法并保持灵活性。

■ 注释

1. 请参考https://www.aeaweb.org/resources/best-practices.
2. Caldwell, B. J. (1989), "Post-Keynesian methodology: an assessment", *Review of Political Economy*, 1(1), pp. 43–64.

21. 计量经济学

通过大量收集的二级定量数据，研究者可以在数据图中找到一条线，并明确统计关系。有效的计量经济学知识能为研究者提供有用的工具，用来识别数字中的模式，接着对其进行解释，用来支持特定的理论。

尽管计量经济学应用取得了很多发展，在散点图上画线的方法也十分有效，但是计量经济学只是用来寻找研究问题答案的诸多研究方法中的一种[1]。只依赖一种分析方法可能会导致无法进行更广泛的探索和知识累积，而这些可以通过三角测量法来实现。

计量经济学可以说是识别数字串模式的最有用方法。对数字串的探索性分析可以揭示我们不知道的统计关系，而对定量数据进行验证性分析可以让我们以特定的统计置信度宣称，某个关系的存在不是偶然现象。

然而，这并不意味着计量经济学方法不会遭到诟病。强烈批判计量经济学可能会被过度使用和误用的人包括泽利亚克和麦克洛斯基（Ziliak and McCloskey, 2008, p.2）[2]。这两名作者甚至认为，将社会科学和经济问题简化为检测、估计和解释，只依靠统计显著性，是个极其糟糕的主意，并“导致工作、正义、利润甚至是生命丧失”，因为它“既不是证明发现科学或商业相关的结果的必要条件，也不是充分条件”。他们认为，“考虑到关系的大小和重要性，统计显著性应该只是调查的一小部分”。

有大量方法估算计量经济学模型，包括连续变量（如 32.456356）、二分变量（如是 / 否）、分类变量（如李克特量表：非常同意、同意、中立、不同意、非常不同意）和分数数据（例如，42% 的选民在大选中为某个政党投票）。存在时间滞后和时间超前的情况下，你可以检验统计相关性（例如，房价会影响一年后的租赁价值）。你可以探索一段时间内的轨迹模式，例如，某个观点相对于其他观点的发展情况。在大多数数据类型中，计量经济学的应用范围似乎无穷无尽。

考虑到我接受过计量经济学方面的培训，我可能难免会部分采用计量经济学方法来分析跟很多研究问题相关的定量数据。我经常使用这种研究方法来设定场景，并找出异常观察结果（或异常值），作为后续定性调查的重点。但是，最好采用三角测量法，因为结果往往对使用的研究方法很敏感。

学术带头人应该知道如何帮助和指导经验不足的研究者运用计量经济学，或者知道可以从哪里获取此类帮助或指导。我经常向一位绅士、统计学学者请教，他为我提供了坚定的支持和指导。学术带头人应该经常给同事的研究课题提供反馈，还应该询问同事对自己计量经济学工作的看法，因为这能建立一种互惠、互相尊重、建设性批评的工作关系。

■ 注释

1. 经济学领域的很多人认为，会运用计量经济学是进入职场的必要条件，经济学家应该花大量时间提升这方面的知识储备。
2. Ziliak, S. T. and McCloskey, D. N. (2008), The Cult of Statistical Significance, University of Michigan Press. See also McCloskey, D. and Ziliak, S. T. (1996), “The standard error of regressions”, *Journal of Economic Literature*, 34, pp. 97–114.

22. 统计学

统计方法有多种形式，通常情况下，它们能让我们从整体上把握数据。不同的统计方法能让我们了解数据的不同方面，尽管熟练的统计学家可能倾向于使用某种统计方法处理数据，但是他们会掌握各种统计方法和一整套测试，来灵活而高效地探索数据。

统计方法通常不是为了揭示数据集里独立单元的特性而设计的，因此，它们也不是为了提供深度理解或者揭示为什么而设计的。但是，它们能很好地揭示一系列潜在的十分有用的信息。

通过统计，我们可以推断人口的某些情况，并得出概括性的结论。这些数据在为深度分析做铺垫时尤其有用，也许可以使用定性方法来揭示背后的原因。统计结果也能揭示数据集里的普遍现象，它们确实应该成为任何社会科学探索的基本组成部分，因为它们至少在创建和描述研究的统计背景方面十分有用。

但是，我们不要教条地看待统计：它们能为我们提供一般性的信息，告诉我们一些数据中的平均值或规律。统计分析的真实价值来自对这些数据进行仔细的建模和解释，明确建模方法和数据可用性的局限性，认识并理解根据不同的理论，统计结果可以有多种解释。

计量经济学研究方法在寻找支持各种理论模型的证据时十分有用。另外，统计学对于统计模型的数学分析和数据展示方面尤其有用。我们在收集和理解数据时，统计学可以在数据抽样、加权和偏差方面提供有效指导，其中包括平均值和（往往更重要的）样本方差。

如果你的研究问题可以用数据给出适当的答案，那么统计学就会成为你研究方法工具箱的重要部分。懂得变通的社会科学研究者会使用各种最适当的方法研究特定的课题。社会科学研究者可能无法全面掌握各种统计方法，因此，社会科学研究者应该知道如何在需要时鉴别正确的统计方法，并有能力自我训练和运用该方法。不同的情形需要采用不同的统计方法，所以不考虑具体情形，一味采用相同方法可能无法得到理想的答案。

学术带头人的其中一个角色，就是协助鉴别适当的统计方法，成为鉴定研究问题答案的决策咨询人。当学术带头人读完同事的稿件并提供反馈时，他们应该重点鉴别期刊审稿人可能提出争议的领域。学术带头人应该强调稿件中可以通过应用额外的统计检验来填补的空白，并能够描述某个方法如何能加强论证。定期谈论或检查同事的研究成果，可以在研究早期阶段建议同事采取其他更有效的统计方法。

23. 问卷

统计分析需要用问卷收集的数据做支撑。即使是国家的国内生产总值数据，其核心也是企业层面的问卷调查数据，而在收集任何数据时，都不可避免地会产生偏差。考虑到你的具体研究问题，措辞正确的问卷得到的数据要比使用其他人的二手数据更合适，你也更有可能会为文献做出贡献。因此，你要用问卷收集自己的数据！设计自己的问卷具有很高的价值，这可能是提出措辞恰当的问题的唯一方式，也是你获得创新性研究问题答案的唯一途径。

其他人或其他机构收集的二手数据很可能不是用来回答你的具体研究问题而收集的。设计问卷的目的是回答一个研究问题，而这个问题在收集数据之时或之前在理论上是合适的。随着时间的推移，你吸收了新知识、有了不同的背景和经历后，可能会问不同的问题。为新研究问题寻找最适当答案的最佳方法，是收集专门回答该具体问题的数据。遗憾的是，很多二手数据集在新变量中并未包含新知识（关于问题措辞、参数化或条件性方面），因此，分析师必须：（1）假定二手数据仍然是适当的代理测量指标；（2）假定新知识不重要；（3）重新表述研究问题，贴合现有数据。但是，要加深理解往往需要新数据。

当你遇到有趣的新研究问题，需要与常规稍微不同的数据时，那么你就可以自行收集数据。跟很多数据收集方法（例如费时的深度面对面访谈）不同的是，问卷是一种相对便宜和快捷的代表性样本方法。

无论你的问卷是由专人发放、亲自发放还是通过网络发放，受访者的身份都可能并不重要（除了一些自我披露的社会经济身份识别信息）。而且你作为研究者，可以确保受访者的身份匿名。确保受访者匿名的一个好处是，受访者更有可能诚实可靠地回答问题，从而提高调查结果的可靠性和潜在普遍性。

学者们应该拓展知识的边界，而不是单纯地复制他人的成果，尽管复制他人成果也有其合理性。最有趣的研究问题要求我们收集新数据，问非常规问题，以揭示文献中的细微差别。即使你的样本量不够大，未达到某些期刊的预期，也完全有可能因为发现一些东西来改变研究进程，从而激发其他人用不同方式研究某个课题。保持好奇心，探索尚未完全开发的研究领域，你也许会发现一些与众不同的东西！

学术带头人要鼓励同事跳出固有的思维模式，追求有趣的创新想法，这可能需要新证据和新数据。在相互评审论文时，应该试着问探索性问题，以确定现有结果的稳定性，并探索数据中的细微差别。这样，学术带头人就可能激发同事以一种全新的、以前未知的思维方式进行思考，从而激励同事，为你所在院系做出可靠的贡献。

学术带头人应该腾出时间，以便同事就问卷中问题措辞的恰当性寻求指导。学术带头人的一个重要角色是成为一名参谋，当同事们日后与其他更了解某个特定研究课题的学者接触时，可以节省时间和精力。

24. 访谈

问卷和二手数据有时候无法提供深度信息。你可能需要通过（结构式、半结构式或开放式）访谈来收集详细数据。访谈可以得出大量有用的深度信息，为你的问题提供答案，而用其他数据收集方法可能无法回答。但是，访谈得到的数据可能存在严重偏差，因为受访者可能会无意中扭曲调查对象的答案。要想获得最佳数据，减少偏差，需要掌握精湛的访谈技巧。

黑尔珀（Helper, 2000）提出了田野调查（包括访谈）的四点好处[1]。第一，研究者可以直接询问关于他们的目标和局限性的问题，而用反映结果的二手数据则可能无法实现。第二，田野调查可以让研究者探索几乎没有现存数据或理论的领域，因此可能获得更广泛的数据。第三，田野调查有助于使用和获得正确的数据，而二手数据可能不适合研究问题（更有甚者，研究者可能仍然使用二手数据和错误答案）。第四，田野调查能提供促进直觉的生动画面，因此读者可以将问题形象化，从而更全面地理解作者的观点。黑尔珀强调，田野调查的数据要想被接受，还有其他问题需要解决，包括确保数据尽可能客观（每件社会性事物都带有部分主观性）、尽可能可重复、尽可能可推广（假设你的研究是可推广的，而不是个别案例研究）。

无论何时，只要你想加深对某个现象的理解，更好地解释某个现象，就应该进行访谈。我采用访谈后，每次发现受访者提供的信息的细微差别和异质性，核心理论与实践之间的差别，我们教授的内容和现实本质之间的差距，都令我惊讶不已。

访谈主要分为两类①。开放式访谈可以按照受访者希望的方向进行对话，从而获得十分丰富的数据，这类访谈通常用于民族志研究中。而在半结构式访谈中，访谈者手里只有粗略的访谈稿，但是可以根据受访者的回答来回跳转，只要能捕捉到大多数 / 所有课题的信息即可。运用半结构式访谈方法往往有利于核心数据的收集，同时可以在对话中穿插其他话题，从而收集额外的或意想不到的相关性的信息。

“现代经济学之父”亚当 · 斯密（Adam Smith, 1776）[2] 曾冒

① 访谈类型主要有结构式、半结构式、开放式三类，本文此处主要讲了开放式访谈和半结构式访谈这两类。——编者注

险进入一家别针厂进行田野调查，而许多经济学家却坚持只用计量经济学和数学模型进行研究，很少进行田野调查。这种研究方法的使用频率之所以明显降低，或许是因为它十分耗时，也可能是因为正确运用访谈研究方法非常困难。如果没有明智的指导、反思和丰富的经验，就很难积累进行高质量访谈所需的技能。最优秀的访谈者能让受访者感到舒服，使他们能够适当而准确地反思自己的经历。这种舒服状态主要取决于访谈者和受访者之间的融洽关系和信任程度。

很多学者似乎只使用一到两种研究方法，这或许是受到其博士阶段的培训和以往经验的影响。然而，最好的研究者会对研究问题的内容及文献中的空白做出反应，他们有足够的反思能力，知道哪些方法最适合获取最恰当的数据。

学术带头人应该了解各类研究方法，并愿意协助和指导经验不足的研究者运用最恰当的方法解决研究问题。他们应该鼓励同事大胆尝试新研究方法，并鼓励他们根据研究问题的要求获取更深入的信息。访谈往往是发现新问题或者发现已经存在的问题发生了哪些重要性变化的好方法。学术带头人应该强调知识差距——往往是重复运用相同方法导致的，并建议采取新方法获取新见解，而访谈就是一种特别好的方法。学术带头人还应该以身作则，甚至可以展示他们对研究和研究方法的本能反应和灵活性。

■ 注释

1. Helper, S. (2000), "Economists and field research: 'you can observe a lot just by watching'", *American Economic Review*, 90(2), pp. 228–232.
2. Smith, A. (1776), *An Inquiry into the Nature and Causes of the Wealth of Nations*, W. Strahan and T. Cadell.

25. 焦点小组

选择和行为受认知、观点、信念和态度的指引，同时也受同伴的影响、塑造和指引。在焦点小组中，小组成员被要求与其他人公开讨论某个课题，通过这种方式可以确定社会观念。尽管访谈可能有效且详细，但是跟焦点小组相比，访谈往往缺乏对话性、探索性、争议性和意见性。这些类型的对话互动有助于衡量同伴效应在决策中的重要性，也有助于评估互动模式是否因同伴群体的邻近程度和规模而有所不同。焦点小组可以用来揭示现实生活中影响人们行为的一些真正有趣的自然情感和偏见。

这种研究方法本身在揭示同伴跟压力相关的信息时会十分有用，在尝试揭示用先验量表记录信息（是否）合适时，这种方法的应用尤其具有启发性。例如，用李克特量表记录的单个受访者的答案可能与跟同伴公开讨论同一问题时的答案截然不同。

当研究者采取混合方法时，例如焦点小组，他们可以用三角测量法评估数据中未知偏差的重要性。如果你希望确定人们对事情的真实想法，他们看待世界的眼光跟他人存在哪些微小差别，他们的认知和行为可能如何受到他人的影响，那么就可以采用焦点小组[1]。

当你对个人之间可能存在差异并可能受到同伴影响的态度和观点尤其感兴趣时，请尝试采用这种研究方法。无论何时，只要你想了解心态和动机，感受和挫折，或观点和意见，就可以尝试在研究方法中采用焦点小组。

我经营焦点小组的最初经历要求我担任双重主持人，即一人提问，另一人确保有人回答问题。这种焦点小组活动十分吸引人、充满活力，主持人口若悬河，以激发更多的辩论和对争论观点的反应。采用这种研究方法出乎意料地有趣，你只需要确保别太得意忘形！

学术带头人需要确保院系发挥潜力，这就要求他们鼓励同事提升横向思考能力。与适当的受访者举行焦点小组会议是产生新研究观点的一种好方法。但是，一些社会科学学科期刊不太愿意发表采用焦点小组的论文，因为读者不熟悉这种方法。尽管如此，焦点小组可以用来明确观点或者寻找新观点，因此，很多社会科学学科的学者应该会经常使用这种方法，学术带头人也应该加以鼓励。

让同事加入进来的一个有用方法，是将同事组成团队。例如，可以让他们查看另一名同事在某项研究中会使用的问卷。在院系里创建一种开放的学院文化，让人人都能支持他人即将开展的研究，并提供建设性反馈意见，这样可以增强院系的凝聚力。而这些焦点小组可以由学术带头人来管理。

■ 注释

1. 布朗（Brown, 2010）在用混合方法研究受过良好教育的管理层女性时，发现认知和现实之间存在巨大矛盾。她发现，调查中类似“我的工作场所支持职业母亲”的表述收到的正面观点跟访谈里得到的回答形成了强烈反差。再者，调查不太能捕捉到细微差别，例如因素之间的相互关系，各因素在决策中的相对权重及其潜在的累积影响（Lightbody, 2009）。请参考Brown, L.（2010）“The relationship between motherhood and professional advancement: perceptions versus reality”, *Employee Relations*, 32(5), pp. 470–494; Lightbody, M. G. (2009), “Turnover decisions of women accountants: using personal histories to understand the relative influence of domestic obligations”, *Accounting History*, 14(1–2), pp. 55–78。

26. 让学生了解你对项目的看法

常常让我感到惊讶的一件事是，学者无法跟研究型学生进行有效互动。当然，我曾跟一些博士生合作发表过论文，但是令一些学者感到惊讶的是，我还跟硕士生甚至本科生合作发表过论文。尽管不同教育阶段的学生能力、兴趣和求知欲存在巨大差异，但是我发现，我越是认真地跟研究型学生互动，我就越能为他们提供更多想法。当学生和研究人员都高度专注于某项共同的研究时，我们就更加能激励彼此，我也就能提供更多的指导和鼓励，帮助他们取得进步，揭示他们的研究中值得汇报的内容。

在很多情况下，专注且感兴趣的学生更加努力，能形成自己的观点。虽然很多观点只是重复他人的观点，但只要我们认识到他们论证之间的细微差别，其对比经验就能为文献增色不少。

我发现，向那些学生提供我自己的观点、以平等的身份公开讨论研究课题是相当值得的。因为有时候，他们会贡献出一些不同的意见，或者遵循具有细微差别的思路，从而将那些想法变成与众不同的事物。

在其他情况下，我告诉研究型学生该如何在他们自己的问题基础上进行研究。有时候，这些学生会出去收集原始数据，并用最新技术严格检验这些观点。这种指导激励他们寻找新事物，当他们愿意合作，让我们打磨他们的研究论文时，那么这项研究就会形成一篇合作发表的期刊论文。跟研究型学生互动能起到教学相长的效果。

选择性地采取这种方式。一些学生可能刚开始干劲十足，但是之后会出现惰性、缺乏灵活度。有时候，跟研究型学生互动并发现他们的潜能后，你可能会花精力为他们提供机会，例如招收博士生。这样，他们接着就可以研究你们都感兴趣的项目，而你也可以继续鼓励他们发挥自己的潜能。

学术带头人应该利用自己的经验，发现本科生和研究生的科研潜能。他们应该为那些求知欲旺盛、未经雕琢的学生敞开大门，以保持院系的活力。那些一心只想从事博士研究项目、获取学术类工作的博士生往往更遵守学术规范，无法给院系带来足够的活力和求知欲。那些参与实际研究、想要推动学科进步的博士生应该得到支持和鼓励，在颠覆现有知识的同时了解如何做研究。颠覆式创新可以产生最大的效益，并激发理论、认识或学科所需的重大变革。有时候，这些重大变革是由学科新人带来的，他们带来了急需的新思想。

27. 人类学

在社会科学中，人类学研究方法的运用可能会被忽视。也许是因为在人口的历史演化中时间节点数据还不够，或者是因为讨论的焦点刚好在当前时间点。尽管如此，当我们意识到自己的行为受先前经验和环境所驱动时，那么研究方法很明显具有一定的可信度。这种方法可以关注文化意义和制度社会规范及价值观。追溯人们的生活可以揭示一些强烈质疑传统智慧的思维和认知方法。

休斯（Hughes, 2021）[1] 的研究为我们展示了一种人类学方法。休斯确认了理查德·佛罗里达（Richard Florida, 2003）[2] 的发现——创意阶层是否会因为看中休闲设施和社区而搬到一个地方。休斯在采访完那些对布里斯托尔和巴斯创意社区的发展起着重要作用的关键人物后得出结论——机缘巧合、儿时记忆和偶然事件都推动了他们之前的迁移进程，而不仅仅是为了寻找工作、提高薪资。只有通过过程追踪和人类学的数据收集方法，才能发现如此深刻而有意义的结果。

过多地使用过程追踪和人类学研究方法，可能会让我们严重怀疑自己的能力，即处理那些难以纳入正式模型中的偶然和看似无关的问题的能力。借鉴人类学研究成果可以显著提高我们对现实世界的认知。

目前还没有现成的知识可以明确告诉我们何时该采用人类学研究方法。但是，即使我们在静态的横向研究中寻找意义，不同研究对象之间的差异也可能会反映出先前经验、阐释和背景差异，而不同的背景本身也可能是先前经验的反映。

重要的是，要对以下可能性保持开放态度：单一的研究方法可能本身就是错误的，三角测量法更加优越。因此，我们很难判断何时该采用人类学方法，所以要小心，别太早放弃这种方法。派克等人（Pike et al., 2016）[3] 为我们何时应该采用这种方法提供了一个答案，他们认为，这样棘手的问题需要放进研究实践当中，而且以更大的开放性为支撑。

学术带头人不仅要在自己的研究领域精益求精，还应该能够灵活运用其他方法的知识。因此，无论他们用人类学论据建设性地批评某人的研究，还是采用不同的方法来质疑人类学方法，都无伤大雅。重要的是，学术带头人要敏锐地觉察到采用不同方法带来的好处，并有效地采用这些方法来支持和批判同事的研究和广泛的现有文献。

■ 注释

1. Hughes, E. (2021), "Patterns of creative worker migration across the lifespan: the migration and occupation paths of Bristol designers, 1950–2018", PhD thesis, University of the West of England.
2. Florida, R. (2003), *The Rise of the Creative Class*, Basic Books.
3. Pike, A., MacKinnon, D., Cumbers, A., Dawley, S. and McMaster, R. (2016),"Doing evolution in economic geography", *Economic Geography*, 92(2), pp. 123–144.

28. 睁大眼睛!

让人感到吃惊的是，面对日常生活中随意碰到的事物，无论是在新闻里，在购物中心，还是在假期活动中，一些学者并未意识到它们跟自身研究有关。我们身边不乏社会经济变化的证据，包括跟广告和市场营销相关的新规范和新趋势、语言中的新词汇、新的健康问题和受社会影响而不断变化的教育回报。所有这些问题都塑造了我们的经历、期待和价值观。

身为社会科学家，我们越早认识到这些问题，就能越早理解塑造我们世界的潜在机制的真正意义，也就能越早采取应对措施，减少它们的负面影响，或者加强它们带来的好处。

引用次数最多的研究最容易让人产生共鸣和理解。通过引用与读者相关的例子，我们能更轻松地阐明观点，而这种观点也会更快地转化成读者的意识。在理论性论文中加入现实生活案例，可以让读者更快地意识到你观点的相关性，可能会让他们更快地将你的观点吸收进自己的工作当中，从而提高你对知识的贡献。

> 一直如此！
>
> 我看到的越多，我能确切知道的就越少。
>
> ——约翰·列侬（John Lennon）

学术带头人要确保同事别待在象牙塔里，而是要跟现实世界打交道。学术文献中一些最微不足道的补充，似乎都是源自跟现实世界脱节的观点。

我们大多数人都读过这样的论文：我们无法理解或不明白为何这些论文会被发表，原因很简单，因为它们的贡献不清晰或者太微不足道。例如，有的论文认为收入差距的确存在，或者工作满意度存在差异，或者房子的卧室数量越多售价就越高等（参见 Aspinal, 2012）[1]。

学术带头人应该提供指导，提高同事研究成果的实质性贡献，从而使研究的全部意义更容易渗透到政策制定者的意识中，并使所有学者都能回馈社会。睁大眼睛看看现实世界，看看有趣的事情，应能刺激我们努力揭示问题背后的原因。

■ 注释

1. Aspinal, P. A. (2012), "On avoiding research into the blindingly obvious", *Architectoni*, 1, pp. 74–82.

29. 放宽假设

很多研究者在进行调查时都假设存在潜在机制或者不存在令人困惑的问题。尽管在某些学科中可能确实如此，因此似乎有科学依据，但是实际上，我们很少会知道我们的假设是否以及在多大程度上会对模型和 / 或解释造成偏差，从而使我们对社会的理解出现偏差。[1]

社会科学家在调查问题、进行分析和提出可能的政策选项时，他们关注的是个人的立场及其一系列结果选择。然而，个人做出的选择只是一系列综合考量中可见的最后一步（Scheuer, 2018）[2]，通常比我们简化的模型更加深刻、更具有挑战性、更加有趣。假设某人的行为是理性的，就会丢失个人可能做出的多种思考和反思路径。在试图理解社会经济行为时，对机构、社会规范或个人思想所造成的感知障碍或实际障碍进行人文反思十分重要。

奥地利学派的研究者尤其擅长剖析决策和社会行为背后的动机和根源。尽管他们的分析方法——典型的实践主义或主观主义——在概括方面可能存在问题，但是这些方法对个人思想和理解的深度比其他很多方法更优越。其他研究者只要认识到奥地利学派方法的优势，并将其中的元素融入自身的研究中，就能获益良多。

伯克斯（Birks, 2015）强调，假设是抽象的必要条件。但是如果我们想要产生对现实世界决策有用的知识，就有必要放宽假设[3]。他承认并强调，理论、经验公式和真实世界之间的联系是多方面的，研究者应该更加深入地研究这些问题。

尽管建模在社会科学中明显具有重要地位，但更重要的是研究如何利用这些知识来造福社会。理论家具有一些优势，但是他们应该融入团队，将这些理论运用到现实问题中。理解政策何时（以及为何）奏效，以及如何利用其惠益来为社会带来更大好处，应该是社会科学研究的核心目标。那么，社会科学研究者何时应该考虑放宽假设？答案是应该一直放宽。

学术带头人应该确保自己的研究放宽假设，这样就能增强研究跟现实世界的相关性，而且他们应该鼓励同事在研究中进行这种反思和模型解构。学术带头人必须对自己和同事研究中的基本假设提出问题，并强调其限制性影响。他们应该公开地、建设性地质疑同事的研究，从而提升研究的有效性和实用性，并应该鼓励同事以同样的方式回报。

■ 注释

1. 扪心自问：哪种社会科学是从抽象的假设开始，推断出注定的永恒真理，而不是建立在可观测的行为之上？这种知识和见解用于理解真实世界时有多大的有效性和实用性？

2. Scheuer, T. (2018), “Computational agents, design and innovative behaviour: hetero economicus”, *Economic Thought*, 7(2), pp. 82–94.

3. Birks, S. (2015), *Rethinking Economics: From Analogies to the Real World*, Springer.

30. 跟大众交谈，试图理解他们的看法

许多非学术界的朋友和熟人认为你的研究十分有趣，这可能会让你感到惊讶。遗憾的是，我们中很少有人会让他们了解我们研究思想的深度，因为当我们尝试用非技术性语言描述我们的研究时，就会鼓励我们简化问题，这反过来也能生成简单有效的解决方案，解决拖慢研究进度的障碍。交谈是件好事，但是要注意他们的兴趣程度，并在他们感到厌烦之前停下来！

跟非学术界的朋友讨论我的研究，曾多次解决了我的研究问题，并鼓励我用非常规方式思考问题。用略有不同的方式思考研究课题，能加速自身研究的进展。

人们说我创造了东西。我从未创造过任何东西。我从整个宇宙中得到印象，并把它们制造出来，但我只是唱片上的碟片或接收装置——随你怎么说。思想实际上就是我从外界得到的印象。

——托马斯·爱迪生（Thomas Edison）

我们应该经常跟政策制定者打交道。我自己的一项核心研究兴趣集中在地方经济发展方面，因此，有机会跟地方和国家政策制定者讨论这些观点，能提升我对缓和及调解政策作用的空间、社会和时间背景的理解。我们有可能探索出这些背景问题跟具体地点的相关性，从而推进研究。跟政策制定者保持开放、知情和谦逊的态度能带来更多的合作研究机会，从而增强对社会的潜在积极影响。

学者跟公众的交流存在文化、社会、政治和教育方面的障碍。让这些障碍阻碍有效的知识分享是令人遗憾的，尤其是当学者太冷漠而无法有效沟通时，当大众也错误地认为自己比学者低人一等时，或者当大众认为学者太傲慢时。如果想要最大限度地实现知识流动，使现实世界和学术界都能从中受益，那么就需要破除这些真实或想象的障碍，建立有效的沟通渠道。

即使你不是在进行授权访谈，也不是在进行符合道德规范的原始数据收集，你也不可能完全脱离自己的研究兴趣，意识不到一些问题与日常生活的相关性。随意问店主他们是否注意到在大型体育赛事期间营业额出现下降，以及他们是否认为营业额只是在特定赛事日被重新分配，这些都是有用的闲聊。你只是对他们的生意表示出兴趣，而人们往往喜欢闲聊自己的经历。

学术带头人应该展示他们对现实社会科学的深刻理解，其中一种方法是将自己的研究跟日常生活联系起来。通过向同事和大众说明，人们期望社会科学家不只是待在象牙塔里发明只在假设的世界中起作用的理论，学术带头人可以阻止一些刚入行的同事试图实现（无意识地）这一目标。

我曾经有一位同事，我认为应该让他更好地了解现实世界并将其跟现实世界联系起来，于是我带这名同事去校内的商店喝咖啡。在去的路上，我强调了他们的理论有时候会在现实世界中得到印证。例如，有时候，有趣的讨论会以店员质疑他们理论的正确程度而告终。这一简单的展示让我同事了解到，他们的研究在周围人身上都能体验到，只需有意识地加强跟大众的互动，就能产生更多有趣的问题（或对现存问题的不同答案）。研究热情高涨的同事需要脚踏实地，学术带头人有责任确保这种脚踏实地的频率对研究者有利，从而对整个院系的科研成果有利。

第四部分

额外培训能扩展思维

培训能扩展思维，如果你想在科研中取得巨大进步，就需要这种培训。培训本身是有用的，因为它能提升士气，增强成就感（Jones et al., 2009）[1] 和工作满意度（Georgellis and Lange, 2007）[2]，提升积极性，让你用全新的、也许跟同行不同的方式思考研究课题，从而提升你的创新能力。

要优先考虑参加培训，而不是试图在短期内稍微推进科研项目进度。去参加培训，哪怕培训可能对你当前的研究没有明显直接的好处。我们知道，从别人那里学习知识比发明新知识更容易，所以要抓住机会，因为“你遇到的每个人都知道一些你不知道的东西”（Bill Nye），向他们学习知识，将知识融入自己的研究当中，然后推动知识的发展。

在很多领域，培训都有助于提升院系的科研产量。以下是一些似乎尤其相关的培训领域。

■ 注释

1. Jones, M. K., Jones, R. J., Latreille, P. L. and Sloane, P. J. (2009), “Training, job satisfaction and workplace performance in Britain: evidence from WERS 2004”, *Labour*, 23, pp. 139–175.
2. Georgellis, Y. and Lange, T. (2007), “Participation in continuous,

on-the-job training and the impact on job satisfaction: longitudinal evidence from the German labour market", *International Journal of Human Resource Management*, 18, pp. 969–985.

31. 计量经济学和其他定量研究方法培训

一些擅长使用定量研究方法的学者似乎误解了定量研究方法。跟一些定量研究社会科学家的理解不同的是，使用统计学、计量经济学和其他定量研究方法的目的不是展示自己的数字专长，或者满足同行的方法预期，也不是为了制造跟能力相关的知识差距，排除不懂定量研究方法的人。马克·布劳格（Mark Blaug, 1997, p.36）将这一点推向了极致，他表示：

> 现代经济学已经“出毛病了”。经济学日益沦为一场自娱自乐的智力游戏，不顾及实际后果。经济学家们逐渐将这门学科转变成一种社会数学，在这种数学中，认为分析的严谨性就是一切，而经验相关性（物理系所理解的）一文不值。如果某个课题无法通过正式建模来解决，那么就会被丢进智力的深渊……[1]

虽然布劳格的观点对经济学和其他一些学科的发展至关重要，但是应用研究方法的全部意义在于以一种增强我们对现实世界理解的方式推动知识的发展。定量研究方法在识别数据串中的平均值或规律方面尤其管用。例如，这些规律能让我们从经验中发现我们所不知道的事情，也可以用来确定特定研究问题的当地背景。了解研究的背景对于准确理解和传达研究结论至关重要。

所有学术界人士至少应该部分了解定量研究方法，其中包括对其局限性的理解。遗憾的是，正如定性研究方法无法证明某种效应一样，定量研究方法也无法证明某个特定关系存在[2]。社会科学中运用的所有研究方法，只是证明了某些现象与数据框架内的一个或多个理论一致或者不一致。

我们在研究中可以运用的有用定量研究方法和额外的统计检验似乎无穷无尽，有一些人喜欢使用特定的方法（例如经典回归和贝叶斯回归）。学者不可能跟上定量研究方法的所有最新发展（杜伦大学的尼古拉斯·考克斯教授[3]或纽约大学斯特恩商学院的威廉·格林教授[4]可能除外）。

确保自己了解某个领域最新发展的一个有效方法，是参加统计学和计量经济学培训讲习班，讲习班的教学进度要让学员们感到舒适。我自己参加的两场很棒的讲习班，是保罗·沃斯（Paul Voss）教授运用 GeoDa[5] 软件讲解空间回归和凯尔文·琼斯（Kelvin Jones）教授用 MLwiN[6] 软件讲解多层回归。这类讲习班为人们提供了与听课者或授课者讨论问题的机会，能促成有效学习。这样，在讲习班结束后回到自己的办公室时，你就能恰当地运用这些方法。

有一些推动力能鼓励你更新自己计量经济学和统计方法的知识。一种推动力来自他人对你研究的反馈，另一种推动力来自你意识到某个同事在自我培训或参加培训课后，正在不断提高定量分析能力，而你也应该迎头赶上。为研究报告提供的建设性反馈和期刊投稿里有用的审稿人报告，都能为学习新技术和运用不同的相关技术提供额外推动力和动机。

更新对新型定量分析技术的认识的深层原因是，确保你可以运用符合你的同事（和你的审稿人）预期的方法。正如前文中的布劳格提到的，这种现象部分原因可能是学科内部的社会压力，但这并不意味着你不能运用你认为跟自己的研究问题更加相关的方法。

如果你知道如何运用某个方法，而且跟同行的意见一致，那么你既可以自己估算，也可以让有见识的同事帮你估算。如果你能建设性地批判你的研究中使用的方法，那么你完全可以了解为什么该方法不适合回答你的研究问题，但是你仍然首先需要具备这些知识。

学术带头人擅长使用定量研究方法是很常见的现象，尤其是在经济学等看似更加注重定量研究的学科。毕竟，很多期刊似乎更愿意发表采用定量研究方法的论文，尤其是展示结果的方式能让读者明白，结果不是随机出现的。

我们都知道，学者发表的期刊论文（尤其是优质期刊论文）越多，获得晋升的概率就越大。但是，仅凭发表论文的数量就将学者晋升到院系领导或学术带头人的位置，并不能保证院系的有效运转，部分是因为增强同事凝聚力、促进同事发展的有效社交技能更加重要[7]。要想晋升到高级职位，需要具备各种相关技能，而不是单纯成为受学科青睐的某种方法的专家。如果学术带头人并不擅长定量分析——这完全可以接受——那么他们应该知道同事可以去哪里寻求指导，并发展自己的定量分析技能（如果他们希望这样做的话）。

■ 注释

1. Blaug, M. (1997), “Ugly currents in modern economics”, in Maki, U. (1997), *Fact and Fiction in Economics: Models, Realism and Social Construction* (pp. 35–56), Cambridge University Press.
2. “事实证明，数学在经济学中的应用在很大程度上是不成功的，因为它是建立在经济学与物理学之间的类比基础之上的，这种类比容易引起误解。经济学最好以另一个非常成功的领域——医学——为蓝本，并像医学的许多领域一样，采用定性的因果关系方法论（Donald Gillies）。”
3. 请参考https://www.dur.ac.uk/geography/staff/geogstaffhidden/?id=335。
4. 请参考http://people.stern.nyu.edu/wgreene/。
5. 请参考https://spatial.uchicago.edu/geoda。
6. 请参考http://www.bristol.ac.uk/cmm/software/mlwin/。
7. Benson等人（2019）强调最好的工人不一定是管理职位的最佳人选。请参考Benson, A., Li, D. and Shue, K. (2019), “Promotions and the Peter

principle", *Quarterly Journal of Economics*, 134(4), pp. 2085–2134。

32. 定性研究方法培训

跟定量研究方法一样，定性研究方法也无法证明某些事物的存在。定量研究方法通常是为了确定数据串里的平均值和规律，而定性研究方法是为了更深入地理解潜在机制。

尽管一些学者对定性研究数据的普遍性和有效性表示担忧，但是用定性研究方法获得的信息深度往往远超定量的二手数据集。因此，我们只需回答一个简单问题：你到底是想让结果的普遍性更强，还是想加深理解。我们当然两者都要，所以我们也要全面了解定性研究方法，二者缺一不可。一些学者强调，我们应该采取的更好做法，是将定性和定量研究方法相结合[1]。

定性研究方法培训毫无疑问会带来好处，而且能揭示定性数据的真正优势和深度。同样，一些采用定性研究方法的研究者认为，定量研究方法的贡献即使有实质意义，也是有限的，尤其是当文本中的变量引导的是虚假精确的定量结果时[2]。摘掉这两类分析者的有色眼镜，可以拓展他们对所有研究方法的局限性和优势的理解范围。

全面理解收集数据的（空间 / 文化 / 社会 / 时间等）背景对准确理解定量研究结果至关重要，而这只能通过培训和破除我们在之前的培训中积累起来的误解来强化。接受正确运用定性研究方法的培训，不仅有可能加深我们对研究的理解，进一步澄清问题，还能改善研究的背景和扩大普及的范围，从而确保定量研究结果不被随意运用。

所有学术界人士都应该了解定性研究方法，包括理解这些方法的局限性。社会科学中运用的研究方法只是提供一种或多种证据，表明结果跟理论是否一致。

定性研究方法比较擅长回答“如何”和“为什么”的问题。当试图探索对某个问题的理解深度，或者确认可能对特定政策的实施至关重要的细微差别时，定性研究方法尤为出色。在尝试确定何时应有效地、适当地应用定量研究结果时，定性研究方法培训至关重要。

由于运用定性研究方法可以获取深度信息，定性研究中的样本量往往要比定量研究的样本量小得多。例如，国家统计机构提供的数据集通常有数百万甚至上万亿个观测值，而我进行的一场半结构式访谈却持续了三个半小时。

有时候，你不知道某个特定研究问题的答案，而最新理论尚未被运用到调查问卷中问题的重新参数化。因此，你可能别无选择，只能自己收集数据。这种不明确的情况加上开放的心态，可能需要你探索信息的资质，而这只有充分了解定性研究方法的应用才能有效完成。

定性研究方法基础扎实的学术带头人在所有学科中都格外有用，而且在我看来，他们的作用被严重低估了。学术带头人应该腾出时间来建设性地批评和批判他人的研究方法设计，并质疑其有效性。这样有助于提升同事的研究质量和收集数据的质量。在收集数据之前，学术带头人应该向同事们提出的关键问题是：新数据想要填补文献中的哪些空白，数据可能会遭到哪些批评？如果收集数据的人能可靠地回答这些问题，那么他们离为文献做出重大贡献就成功了一半，而学术带头人也在推动同事的研究方面做出了重要贡献。

■ 注释

1. Downward, P. and Mearman, A. (2007), “Retroduction as mixed-methods triangulation in economics research: reorienting economics into a social science”, *Cambridge Journal of Economics*, 31(3), pp. 77–99.
2. 有二手数据的话，撰写定量研究论文的速度往往更快。这可能会导致定量研究者话语的可信度大于定性研究者，仅仅是因为定量研究者的论文被其他论文引用的可能性更高。奥赖利（O’Reilly, 1973）称，表现优异者认为自己比表现差的人拥有更高水平的工作必备能力。请参考O’Reilly, A. P. (1973), “Perception of abilities as a determinant of performance”, *Journal of Applied Psychology*, 58(2), pp. 281–282。

33. 开展培训，拓展他人的思维

如果是在开放式大学的院系里工作，那么举办方法类系列学术研讨会能让同事更加团结，增进对彼此研究方法的了解。也许系里一半的同事都很擅长某一类方法。你可以举行一场关于方差分配系数、基础理论或拓扑数据分析的研讨会。

这些研讨会的目的是展示某个方法，让同事们了解该方法的用途、使用时机、优势和使用方式。这样，同事们接下来就可以考虑在自己的研究中运用该方法，而且他们在审阅使用该方法的论文时，也会意识到这种方法。

最糟糕的情况是，有人在听了研讨会后进一步下定决心，找到不采用某种观点或方法的理由，没关系，有些同事就是很固执。最理想的情况是，每个人都能学到一种新方法的好处，否则这种方法就会被忽视或贬低。

我在之前的一所大学举办这些研讨会时，无一例外地激发了人们对彼此研究的兴趣，加强了讨论，使系里更加团结。这些研讨会可以在整个校园内举办，也可以由专业院系（如统计系或社会学系）举办，但是研讨会的内容应该是通用类，这样才能满足广大教职员工的兴趣。有时候，最好在系里举办类似的研讨会，以确保内容的有效性。

如果你是系里某个研究方法领域的专家，那么展示该方法会让你的同事受益，反之亦然。分享这些技能会增强院系的实力，提升观点、创造力和合作的交叉融合。

人们往往需要加深对某个特定方法的了解，并愿意不断更新特定方法和/或开发新方法。在一位杰出前同事的大力协助下，我根据一致性和非一致性理念开发了一套新方法，用于测试时间序列数据收敛的力度和类型，以及确定动态变化分布的最终稳态分布的方法[1]。举办员工研究方法培训会培训同事掌握特定研究方法，是刺激同事思考如何调整现有方法甚至是创造新方法的绝佳方式，这类培训会最有效的方式是将同事聚集起来，共同撰写衍生论文。

当你用普通方式向同事展示某个方法时，他们会了解该方法的优势，理解运用该方法可能对自己的研究起什么作用。他们如果认为可以跟你合作，那么可能会找到你，看你能否用该方法分析他们的数据。如果你答应跟他们合作的话，一定要教会他们如何运用该方法，而不是为他们做研究。因为你的目的是加强他们的科研能力，而不是增加自己的工作量。

学术带头人应该认真考虑举办方法类员工研讨会为学院带来的好处。在那些从事理论发展和基础理论的人眼中，将这些研讨会贴上“方法”的标签，可能会让他们误认为研讨会不适合他们。因此，学术带头人可以发起培训研讨会，讨论某个文本，例如 Ziliak and McCloskey（2008）的《对统计学意义的崇拜》中的看法[2]。学术带头人应该身先士卒，甚至在系列研讨会中主持几场会议，但是他们也应该积极鼓励同事为方法类员工研讨会做出贡献，即使他们不确定自己是否能做出新贡献。

■ 注释

1. 请参考Webber, D. J. and White, P. (2009), “An alternative test to check the

validity of convergence results", *Applied Economics Letters*, 16(18), pp. 1805–1808; Webber, D. J. and White, P. (2007), "Convergence towards a steady state distribution", *Economics Letters*, 94(3), pp. 338–341; Webber, D. J., White, P. and Allen, D. O. (2005), "Income convergence across US states: an analysis using measures of concordance and discordance", *Journal of Regional Science*, 45(3), pp. 565–589; Webber, D. J. and White, P. (2003), "Regional factor price convergence across four major European countries", *Regional Studies*, 37(8), pp. 773–782。

2. Ziliak, S. T. and McCloskey, D. N. (2008), *The Cult of Statistical Significance*, University of Michigan Press.

34. 教师培训

研究者可能会将教学视为次要职责，并误解有效教学所涉及的复杂问题。有效的教学技巧可以用于研究，尤其是在展示研究结果方面。研究质量最高、最受认可的研究者，往往是那些能够在讲台上推广自己的研究成果的人，尤其是研究者往往会引用自己希望建立联系的人的观点。因此，获得增强教学能力的技巧，也将增强你在研究中传递想法的能力。

跟普遍观点相反的是，高效的授课者不仅需要扎实掌握相关文献，还需要具备正确态度，采取恰当行为，在恰当的时间使用正确的技能给听众上课。

态度来源于经验，但是可以来源于“错误”经验。例如，你可能在会议上见到过粗暴、无法提供帮助和建设性意见的骗子，这使你不想透露自己最近的理论研究成果和 / 或实证研究结果——这对所有人都无益。行为是对刺激的反应，可能并非出于本意，是无意识的——唤醒行为背后的意识可以提升课堂（和生活）的效率。技能是多维的，包含跟研究不相关的行为，这些行为会影响他人对你的研究质量的看法。

提升对自身态度、行为和技能的认识，可以让你在课堂上和会议讲台上的表现更出色。大多数大学都会举行各种主题的培训会，因此很容易不把出勤看作优先事项。但是，参加这些教师培训研讨会，把研究先放一放，可以让你对研究和教学的态度焕然一新。

我参加过的两场印象最深的教师培训研讨会，是关于教授具有听力障碍和视力障碍等隐形障碍的学生学习的课题。这两场研讨会都改变了我在会议上的演讲方式，使我的演讲更加容易被人听懂。

大多数研究者会尽量多花时间享受并参与自己的研究，他们可能会忘记自己研究的影响部分取决于他们如何“推销”自己的研究。因此，有必要抓住机会提高教学能力。遗憾的是，根据我的经验，很少有研究者会参加这些研讨会，反而是那些只负责教学的同事会去参加。

教师培训研讨会让参会的研究者受益匪浅，因为同行群体的教学技能很有可能十分高超，而这些技能会传授给培训室里的其他同事。研究者接下来可以学习并采纳培训室里教师良好的教学和沟通技巧。

遗憾的是，一些研究型员工由于缺乏教师培训，导致学术会议里针对研究的沟通相当贫乏。为了提升自身研究的影响力，建议报名参加这些教师培训，学习如何成为更加高效的演讲者，哪怕你只是将这些研讨会当作休息时间。此外，还有一些国家认证计划，如英国的高等教育学院[1]，它们还能带来其他外在好处。

学术带头人应该鼓励同事参加教师培训。高效的教师能够激励受众，促进引人深思的观点，激发横向思维和深刻批判。高效教师的这些特征也是很多高效和平易近人的研究者的理想特质。

教师培训的很多方面都能从课堂转移到会议室，对参会人员和演讲者都有好处。研究者在会议演讲期间越开放、越鼓舞人心，参会人员就越有可能提出富有启发性和洞察力的意见和问题。

■ 注释

1. 请参考https://www.advance-he.ac.uk/。高等教育学会会员在英国学术界的地位越来越重要，将来可能会使海外学者在英国任教的难度加大。更加资深的会员（从会士到高级会士）具有很多好处，在教育界得到高度认可。

35. 参加会议也算培训

参加会议是你职业生涯的重要组成部分，无论你喜欢或者厌恶会议，你都应该优先选择参加会议。参加会议不仅能建立和加强你的社交网络，还能锻炼你向学术界同行展示个人能力的技巧。面向懂行且感兴趣的听众举行科研研讨会，跟教学生或下一代研究者的体验截然不同。了解研究同行内心的期待，可以鞭策你加深对自己研究课题的理解，同时 / 或者采取特定的态度、行为和技巧。

一旦你参加过几次年会，就会熟悉会议上一些频繁参会的同行代表，继而可以给他们打电话，向他们请教问题。这些研究者可能比你的同事对你的研究课题更感兴趣。你必须练习激发他们的思维，这样他们才会尊重你提出新观点和形成新思考方式的能力。要想对文献有更深层理解，需要更加细致的沟通技巧，不仅要推动边界，还要让参会代表对你的研究保持热情和理解。这就需要采用不同于你在学生或同事面前习惯使用的沟通词汇。

如果你认为自己的研究进展不够快，无法在下次会议上发表“足够好”的论文，那么你可能会放弃发表论文。如果你不参加会议，你就失去了锻炼重要技能的机会。

不应该只把参会当作展示自身研究成果的机会，还要把它看成拓展自身其他研究领域知识、强化社交网络的机会。参加你自身研究领域的会议可能会有立竿见影的效果，因为它能激发你的思维和好奇心，而其他会议可能无法达到这种效果。但是，参加其他主题的会议也会让你获益匪浅，因为它们能鼓励你切换思维方式，从而带来意想不到的回报，或者让你了解到某个可以传授给同事的技巧或观点。

大学投入资金让你参加会议，你只有在院系里分享新知识，这笔投入的效益才能最大化。你也会希望院系里的其他人跟你分享可能对你有益的知识，所以要积极主动、合情合理地分享知识财富。你可能只需要收集会议论文副本，或者邀请别人在你院系的员工研讨会上演讲，因为你意识到这样可能会为你院系里的其他人带来好处。

学术带头人应该鼓励并资助那些能以积极的姿态（高效的会议发言、参与和交流）展示自己院系，并为院系带来直接好处（例如，知识转让，通过有用的会议反馈改进研究成果等）的人参加会议。

参会是对特定学者的投资，但是也应该对院系的部分或所有同事产生积极影响。参加会议的同事，尤其是学术带头人，应该注意邀请有兴趣的演讲者今后在院系的员工研讨会上发言，这样同事们也能听取优秀演讲者的想法并从中受益。

36. 审查博士 / 硕士生论文

随着学术水平的节节攀升，你会有越来越多的机会审查博士论文。这些工作会相当耗时，不应该一时兴起接受这些任务。你可以利用这些机会锻炼你的大脑更加深入地思考某个课题。

通过功能性的、参与互动程度很低的会议，可以对硕士和博士研究生进行零距离指导。对于学生和导师而言，这些指导会议也能成为深入、有意义、鼓舞人心的时刻。强大的监督关系能激发大量的提问，拓宽思维。学者应该将监督研究型学生视为积极的机会，可以用来质疑自己可能会轻易接受的问题和方法。

审查博士生也是你欢迎某人加入学术大家庭的一次机会，也是你真正全面、深思熟虑地参与他们研究的绝佳机会。这也是一个“回报”的光荣机会，你可以像当年参加博士论文答辩一样，给予他人专注的关注和参与。审查博士论文可以让你注意到回答某个研究问题可以采取的其他理论、哲学和经验方法。

我审查过的所有博士生口头答辩都相当吸引人、极具活力、引人入胜，我不由得为他们的表现喝彩。我很荣幸参与其中，作为一名优秀的考官，我也为能够参与考生从博士生到博士后学者的转变而深感自豪。

如果在读完论文后，你并不认为自己会骄傲地宣布自己审查了该博士生的论文，那么就不要参加答辩。毕竟你充当的是质量控制员的角色。被同事或熟人选中主持博士论文评审本身也是一种荣耀，因为这体现了你在学术界同行心中的地位。

每篇论文都要花几天时间阅读和思考，你可能要花一天时间去大学所在城市，花几个小时进行论文审查，花几个小时跟学生的导师和团队进行交流，再花一天时间返回。不过，博士论文外审只针对资深学者开放，人们很少会拒绝这样的机会。这是你回馈学术界、培养下一代有见识的学者的重要机会。

学术带头人和正教授应该定期参加博士论文内审和外审，甚至每年两到三次，当然，这取决于内部博士生的数量和外部关系。但是积极进取的教职工也应该参加博士论文内审，当他们快要晋升为副教授或已经是副教授的时候，或许可以每两年参加一次评审。学术带头人应该为经验不足的同事寻找机会，如果认为某个同事具有相关的技能和经验，即可推荐他们担任相应的角色和职责。

37. 开展大胆的研究

研究应该是一场冒险——要训练自己这样思考。庆祝自己可以自由选择参与研究活动，并对研究过程感到兴奋。你很幸运，因为你做了你可能选择作为爱好的事情，却获得了报酬。这种过山车式的研究探险会让人产生很多想法，即使大多数想法最终会失败，可是只要你意识到自己把人们的理解向前推进了一步，这种体验就是有意义的。

如果你失去了动力，这种体验不再是一场探险，那么可以考虑换一个研究课题，改变对自己的预期，甚至改变你的角色、职责和 / 或工作场所。

研究者在从事研究的过程中可以且应该大胆开拓。在横向思考中保持大胆也是可以的！而且，被当作横向思考者远比被当作只会将他人观点套用到具体案例中的人要好得多。当然，后者在学术界也具有重要地位，因为弄清他人观点跟具体情况的关系可以揭示观念的空间、时间和情境可移植性方面的重要新知识。

想要产出真实、创新、有趣的科研成果，需要在坚实的动力支持下反思、反馈和不断学习。创新的动力部分来自我们内心的渴望，无论出于什么原因，我们都希望做出有意义的新贡献，同时也来自一种内在的动力和信念，即创造新事物是可能的，而这跟探索未知的世界和冒险的乐趣相关。

换位思考一下，其他人会如何开展你的研究课题。试着用跟以往不同的方式回答你的研究问题，也许只要遵循最近一次员工研讨会上的讲演者给你的启发即可。尝试提出独特的解决方案，并质疑它有什么独特之处，是否重要。有时候，我们值得尝试采取逆向思维，因为这样能让你产生新想法和观点。研究那些无法预测的复杂问题。如果有必要的话，要强加自己的架构以取得进展。要确保自己毫不犹疑地直面研究中遇到的恐惧。跟常规途径相比，大胆尝试能让你的研究取得更快的进展。

我们无法用造成问题时的思路来解决问题。

——阿尔伯特·爱因斯坦（Albert Einstein）

直面研究中的恐惧：故意将自己的研究展示给你知道不会喜欢它的人，这会刺激你，训练你从他人的视角思考问题。（如果你只在赞同你的人面前展示研究，那么别人给你的推力就不足。）

你私下也可以做些不一样的事。我们的研究生活跟研究之旅紧紧缠绕在一起，我们经常在个人休息时间反思自己的研究。在私下里做能启发灵感的事情，它可能会刺激你在研究生活中进行更多的横向思考。在个人生活中富有探险精神，可以激发你的研究思维，朝不同的方向努力。跳出思维定式有助于建立自信。

当你的大脑在超负荷工作，产生一些绝妙的原创和创新想法时，这可以是在工作中、在咖啡店、在公园里慢跑或者在打壁球的过程中，要确保自己手头有记事本或者手机，这样你就能趁想法消失之前把它们记下来。之后，你往往会意识到这些疯狂的想法都是废话，但是它们偶尔也会发展成重要观点，如果没有及时记录下来，你就会失去这些机会。在所有的研究领域都要大胆探索，想想你能从中学到什么，又有多少人能从这些知识中受益。社会需要你们这样做！

学术带头人应该积极鼓励并培训同事推动自己的研究边界。这种鼓励和培训的一部分可以通过向同事传授新的研究方法来实现，或者通过采用“要是……将会怎样”这种讨论方法鼓励开放和横向思维来实现。有的时候，学术带头人需要向同事展示他们是如何在自己的研究中融入冒险精神的，或许可以在员工研讨会中讲他们是如何在该项研究中成功使用“要是……将会怎样”这种方法的。

我们开展的研究越多，尤其是多元化和深层次的角度开展的研究越多，我们就会越发意识到我们并不确切了解某件事。学术带头人可以通过对奇闻轶事的有趣讨论来激发参与热情，在一对一的茶歇时间或办公场所的闲聊中采用“要是……将会怎样”这种方法。学术带头人应该培养并训练他们的社交技能，以便知道如何用不同的信息或者通过揭示竞争性观点来唤起同事们的求知欲，从而鼓励他们质疑（也许是采用冒险的方法）自己做过/正在做的研究。

38. 参加不同主题的讲座和演讲

腾出时间参加貌似有潜在刺激性的活动，哪怕它们跟你自己的研究毫不相关。大学的电子邮件分发列表往往会发布即将举办的公开研讨会、培训或其他类似活动的通知。试着参加计算机系的人工智能研究、生物系的 DNA 解密研究或建筑环境系的新城镇开发研究的研讨会。无论这些研讨会的主题多么抽象，都能刺激你从不同角度思考自己的研究课题，而且往往会有出人意料的效果。这一行为也能构建你的校内关系网，并带来意想不到的好处，例如，将来他们需要你的特殊技能来撰写基金申请。

你永远不知道自己何时需要利用额外的知识或社交网络。让你的名声传遍各大院系（甚至是你所在城市的各大院校）可以带来丰厚的回报。我受邀在某个外部经费申请中填补经济学家的角色空缺，似乎仅仅是因为我跟院系外的成员建立了联系。这笔巨大而成功申请到的外部经费资助了一名优秀的博士生，跟更多的学者建立了新联系，并为我争取到了可以用于推进自己研究的教学时间。

你不应该优先考虑这些培训机会，但是如果你能花一小时吃着午饭观察隔壁院系的员工研讨会有哪些新鲜内容，就可能会带来回报。这可能会促使你质疑自己的研究方法，促使你思考如何将他们的方法运用到自己的数据当中。最坏的情况下，你能腾出一小时时间看向窗外放松大脑，然后恢复活力，在研讨会过后重新投入研究当中。

有些大学会用信息展板向所有人公布校园里的培训活动。如果没有的话，学院的科研团队（主管院长或地位相当的人）应该让同事们了解这些活动信息。如果科研团队没有这一职责的话，那么应该由院系的学术带头人来承担。

大学应该是分享知识并向大众普及知识的场所。学术带头人需要以身作则，确保同事了解其他院系的活动。当然，学术带头人也应该参加这些院系外的培训会，因为这能增强他们在校园内的关系网，提高其他院系对本院系的认识。

39. 跨学科和多学科互动

不同院系的研究者会采用不同的视角探讨科研问题。例如，社会学家和经济学家采用的本体论和认识论研究方法往往截然不同，以至于这些学者之间很少进行有效沟通。与其对“其他”院系的学者所采用的研究方法表现出漠视和不屑一顾的态度，不如试着跟他们交谈，了解他们为何采取某个特定方法研究这个课题。适当地理解他人的方法，你就可以更加有效地证明为何要采用自己的研究方法，或者你就能更接近那种可能会提高自己研究水平的替代方法。

质疑你自己的哲学和意识形态研究方法，会让你成为一名更优秀的研究者。在不同的概念和方法之间建立联系，能增强研究在现实世界中的依据，从而提高研究的适用性和相关性。你的研究将变得越来越重要，资助方会越发认可研究的效用。这将增加你研究的深度，同时让你离开象牙塔，增强你对外部世界的价值。

人们也会对你的研究越发感兴趣。你会有更多内容要告诉更多人，更广泛的人群会想跟你联系，你对院系、大学和世界的价值也会提升。你的批判性思维技能会增强，你可能会想到更多、更广的替代方法来解答自己的研究问题。你甚至可能开始提出跟现实世界更密切、更直接相关的研究问题，从而增加你对社会产生积极影响的概率。[1]

至于是否以及何时该采取跨学科研究方法，这个问题永远存在争议，不同的人在职业生涯的不同节点会给出不同的答案。这个连续体上的所有节点都存在价值，但是价值最大的节点取决于问题的背景和时机、学者的背景、对读者的了解和潜在假设的适当性。

最好尽量减少这些假设，从各种跨学科社会科学的角度来探讨研究问题，并学习每种方法的优点。即使你在自己的研究中不采用跨学科方法，深入了解其他社会科学方法也能加强自身的研究。

学术带头人无论是在自身的研究中还是在指导同事的研究

时，都应该对跨学科研究保持十分开放的态度。但是，很多能力很强的资深研究者都不会使用跨学科或多学科方法。学术带头人未必需要知道所有跨学科和多学科问题的答案，但是他们的确需要知道谁能提供帮助，并愿意成为参谋，给院系里正在研究跨学科和多学科课题的学者提供建设性批评意见和帮助。

注释

1. 请参考Jones, C. (2009), "Interdisciplinary approach: advantages, disadvantages, and the future benefits of interdisciplinary studies", *ESSAI*, 7(26), pp. 76–81。

40. 学会排除干扰

要想排除干扰，就得关掉手机、停止看电子邮件、不接触社交媒体和其他消息，将自己隔绝起来，这样才不会参与对话。在密集研究期间，唯一的目标就是在短时间内尽可能完成更多的工作。在短时间内训练并让大脑工作，在不被打扰的专注时间段达到"心流"状态，这对你的研究大有裨益，而且会比长时间耗尽脑力聚精会神地工作更有成效，尤其是后者可能会令你精疲力竭。

一心二用会降低你的专注力。它会使你的大脑用一个任务去打断另一个任务，降低工作效率。你每次在切换任务时，注意力和专注力都无法立即回到最高水平，因为你大脑的一部分会继续忙于前一项任务。我们的注意力往往太分散。

> 着手处理一个想法。让那个想法成为你的生命——时刻想它，靠它生活。让身体的每个部位——大脑、肌肉、神经……都充满那个想法，别管其他想法。这样才能取得成功。
>
> ——斯瓦米·维韦卡南达（Svāmī Vivekānanda）

斯坦福大学的梅农教授[1]强调，处理多重任务跟切换任务成本有关，这需要花更多的时间在大脑里重构问题。梅农教授还认为，处理多重任务和创造力之间可能存在权衡效应。所以处理多重任务太频繁会降低创造力，而减少处理多重任务可能会提高你在学术写作中的创造力。

这个问题关乎两方面：你该如何避免使他人分心？你如何避免其他人和事使你分心？第一个问题要求你意识到自己正在分散他人的注意力，有时候，要做到这一点很困难，尤其是当你自认为是在帮助对方的时候。在这种情况下，最好的办法是接受他们平静而礼貌的建议，即现在时机不对，你应该之后再给他们提建议。

限制其他人使你分心的一个好方法，是要预判干扰和分心，并在门上贴张纸条，例如“请勿打扰，我下午 X 点后有空”。令人惊讶的是，很少有人会这么做。但是这样做有助于延长自己的专注时间，并告诉他人自己何时有空跟他们交谈。

同步其他有效的屏蔽手段，例如，在你一天中效率最高的时候关掉手机、电子邮件和其他一切形式的通信工具。我经常整个上午都这样做，尤其是同事经常会在中午或傍晚打电话过来跟我闲聊。最好有备无患。

再次强调，学术带头人应该以身作则，明确表示自己可以经常抽出时间，但也有无法抽出时间的时候。资浅同事应该从这种“明显可见的没空”中吸取教训，保护自己的时间，确保自己的研究也能取得进展。学术带头人也应该鼓励同事保护自己的时间，以便他们能够在思维方面取得重大进展，并强调这是最佳做法，只要他们也分配好时间，就能让其他人接触到他们并为他们提供便利。

■　注释

1. 请参考https://news.stanford.edu/thedish/2014/09/30/stanford-psychiatrist-tells-us-why-it-is-good-to-daydream/。

第五部分

同行与协作

在本书中，我一直在试图强调，跟外在动机强烈的同事之间缺乏礼数、盛行煤气灯效应的院系相比，那些支持性强，同事之间能提出建设性批评意见的，内在积极性高的院系，研究活动更加高产[1]。你更想提拔谁？更想跟谁共事？

有很多方法可以确保你们集体从行动和行为中受益。舒马赫（1973，p.39）[2]强调，我们应该具备 3 种工作职能。

1. 让别人有机会利用并发展能力；

2. 让他们通过跟其他人共同完成任务来克服利己主义；

3. 为获得更好的生活提供物品和服务。

实现以上每种职能，似乎都有赖于负责任的同事们以鼓励人类智慧和努力的方式，有尊严和相互尊重地紧密结合在一起。根据这个观点，这里筛选的 10 条建议概述了可以提升院系积极和富有成效的互动概率的领域。

■ 注释

1. 不幸的是，无礼、恐惧、自我和权力等因素都会妨碍建立和加深积极成事的研究文化。因此，为了激励大家做出改变，我们需要避免产生恐惧，因为恐惧会引发不作为；相反，我们应该谈论收获的喜悦，因为它能引发行动（Sharot, 2014）。请参考Sharot,

T. (2014), “How to motivate yourself to change your behaviour”, TEDxCambridge 演讲,详情可登录https://www.youtube.com/watch ?v=xp0O2vi8DX4。

2. Schumacher, E. F. (1973), *Small Is Beautiful: A Study of Economics as if People Mattered*, HarperCollins.

41. 不同的人会为科研团队带来不同的要素

院系里的大多数工作人员如果都遵循相似的本体论、认识论和世界观，往往很少横向思考，遇到的建设性批评也更少，可能会碰到一元论（例如，请参考 Dusek, 2008）[1]。尽管跟想法类似的人合作能产生更深层观点，但是从不同的角度看问题，可能才是理解和解决问题的最佳方式。组建科研团队时，跟合作对象最好能以开放和谅解的态度讨论话题，而不用担心出错或患上冒名顶替综合征。

虽然曾格和劳伦斯（Zenger and Lawrence, 1989）认为，多元化团队的协作成本会降低集体绩效[2]，但是拉齐尔（Lazear, 1999）认为，如果团队成员的文化背景不同，那么更广泛的集体知识和技能会使团队受益[3]。班迪耶拉等人（Bandiera et al, 2010）的研究结果表明，跟更有效率的同事共事，自己也会更有效率，反之亦然[4]。

当我们反复思考某个研究问题，或者跟同事讨论某个话题时，我们是想将目前在脑海里还很遥远的事物联系起来。我们的思维会将那些观点汇集在一起，用于解答问题或提升理解能力。具有不同背景和研究兴趣的人会给团队带来不同的观点，形成不同的联系，他们的贡献应该受到认可。无论是掌握第一手新方法的量化分析师，还是喜欢深入挖掘的定性访谈者，又或者是能淡定地跟媒体进行有效沟通、提升研究团队形象的人，都能做出贡献。所有同事在特定技能上都有相对优势，也许在某个特定领域内还有绝对优势，应当鼓励他们利用这些优势为院系做出更大的贡献。

成员之间只有相互尊重、发挥自身特长时，团队才最有建设性、最高产。院系的学术带头人和资深员工需要营造氛围，鼓励同事努力实现院系的清晰目标——产出优秀研究成果。

这就要求成员之间积极沟通、相互尊重，鼓励和支持彼此的贡献，从而激发彼此的潜能。院系里如果全是竞争欲太旺盛、会破坏彼此研究活动的人，那么院系就会出现分歧，失去动力，不利于创造积极的研究成果。同事如果采取非建设性的、非难的、破坏性的手段批判他人，而非支持和推动彼此的贡献，那么这种行为就应该被阻止。如果可能的话，学术带头人应该试着了解产生这种行为的源头，并让同事知道这种行为不可接受。

■ 注释

1. Dusek, T. (2008), "Methodological monism in economics", *Journal of Philosophical Economics*, 1(2), pp. 26–50.
2. Zenger, T. R. and Lawrence, B. S. (1989), "Organisational demography: the differential effects of age and tenure distributions on technical communication", *Academy of Management Journal*, 32(2), pp. 353–376.
3. Lazear, E. P. (1999), "Globalisation and the market for team-mates", *Economic Journal*, 109(454), pp. 15–40.
4. Bandiera, O., Barankay, I. and Rasul, I. (2010), "Social incentives in the workplace", *Review of Economic Studies*, 77, pp. 417–458.

42. 跟学习榜样合作

尽管研究型院系在同事的支持与合作下会获得发展，但是让所有研究者继续发挥自身特长和技能，以提升他们取得新发现的概率仍然至关重要。研究者的首要任务，应该是确保用最有效的方式为知识做出贡献。其中一种有效方式，就是向周围的同事学习新观点、方法和思维方式。

今天，你的某个同事可能需要别人帮忙解决问题；明天，你可能需要帮助。一些同事尚未体验到合作的好处，也许是因为他们的前同事不想跟他们合作，或者他们之前的工作环境不鼓励这类工作关系。如果你感觉自己不需要任何帮助，也不需要不时地跟同事进行建设性讨论，那么要么是你对自己要求不够高，要么就是没意识到这么做的好处。独自工作可能会减慢你的进度，降低你对研究课题的理解能力，而跟学习榜样合作能迅速提高你的横向思维能力，提高你对社会所做贡献的复杂性[1]。

我曾有幸跟一些真正优秀的研究者合作，但他们并不公开分享研究成果，因为在他们曾经工作过的院系，同事们都很轻视那些贡献（往往是因为他们不懂那些贡献的重要性）。一些研究者可能是真正的创新者，尤其是当他们热切地关注自己的贡献的时候。但是，如果我们不重视他们，可能就会阻碍他们取得进步。不珍惜向同事学习的机会不仅会减少你自身的知识积累，还会阻碍他人优化你的好观点，帮助观点成形并发表，从而降低我们改善社会和更广泛地理解社会科学的能力。

我们很多人都知道，无论是资深还是资浅研究者，他们都渴望自己狭隘的贡献受到认可，以至于不得不贬低和轻视他人的贡献。他们拒绝接受他人观点的重要性，武断地认为自己肯定是对的。

学术带头人应该为同事提供支持，帮助他们发挥自身潜能，克服障碍，有效地实现自我[2]。学术带头人应该熟知倾听、欣赏和理解同事会带来的好处。这不仅能让自己深受启发，还能体现相互尊重，鼓励整个院系的互动，支持观点的生成，并经常在即兴时刻这样做。

学术带头人可以鼓励同事相互学习，分享最佳实践的看法，让他们意识到，其他研究者在某个时间点的研究进展比自己快。至关重要的是，学术带头人要明白，不同的同事会对不同的刺激做出反应，因此在为不同同事争取学习机会时要采取不同的方法。

■ 注释

1. 正如蒙古游牧民族投资于他们的传统、遗产和历史方面的知识，并将这些知识代代相传，创造出丰富多彩、受人敬仰的社群，学者也应该如此。请参考Batkhuyag, K. (2020), “The ancient, earth-friendly wisdom of Mongolian nomads”, TED视频可登录https://www.ted.com/talks/khulan_batkhuyag_the_ancient_earth_friendly_wisdom_of_mongolian_nomads?language=en。
2. Maslow（1970）发现，只有区区2%的人能够达到自我实现状态，然而，自我实现已经深入人心，也许是在专业领域取得进步的唯一方式。请参考Maslow, A. H. (1970), *Motivation and Personality*, Harper and Row。

43. 跟你可以教导的人合作

尽管你应该确保你的工作文化能够让同事之间相互学习，但同样重要的是，你也要能教导同事。如果你没法教导他们，那么他们就会去别的地方寻找知识互动，你就无法强化团队。

同事是否愿意花时间听你讲，至少部分取决于他们是否认为你能为团队做出贡献。如果团队里的其他人认为你能教他们东西，那么你就能增加团队实力。院系里的其他同事可以强化或者削弱这种认知。

如果团队成员认为自己只能向团队之外的人学习，那么长此以往，这个团队就会衰退。有人可能会离开，因为他们认为院系外能带来更大的好处。你向同事提供的专业知识越多、教他们的内容越多，他们向你提供的专业知识也会越多。分享知识、相互倾听、彼此传授不同的概念和方法、训练彼此的技能、提供支持和观点以及和睦相处，都会为院系注入活力，让大家团结一致，互利互惠。如果你无法为同事提供任何东西，他们同样也不太可能回馈你。

如果你的团队成员不征求你的意见，不向你学习，那么你就应该自我反省为何会出现这种情况。也许是因为你对人冷漠，或者你的风格容易引起冲突或者太被动。也许你可以向值得信任的朋友或同事请教。你一旦认识到可能存在的问题，最好考虑改变与同事的沟通方式，无论是传达方式还是接收方式。另一种情况可能是，团队成员没有进行有效沟通，大家对他人的潜在贡献存在既有的偏见和看法。

有效的教学和沟通能让他人了解你的长处。但是要使思想交流有效，也需要积极的倾听。出于习惯和同伴压力不听从他人的建议，会阻碍培养相互学习的能力，打击相互教导的意愿。了解该如何传授知识、如何令知识更加容易让人接受，对个人和团队的成长至关重要。

尝试从新角度（理论性、本体论、哲学或经验）理解问题，你可能会惊讶于自己能为同事提供多少经验教训。鼓励同事和合作者用新角度思考，或者考虑问题的不同要素。对这些新的可能性保持开放态度，就成功了一半。

当然，同事之间有可能热情友好，有时候也可能冷若冰霜，但并不总是故意的。包括学术带头人在内的资深同事，需要创建一种开放、平静、非对立和参与性的文化，鼓励相互学习。

学术带头人需要尽可能清晰地说明，所有同事都值得倾听、学习和教导。这种相互尊重会让同事们产生自信，并意识到他们能相互促进、相互学习。

同时，敬业的学术带头人应该察觉同事的知识局限性，并尝试弥补这些不足。积极的鼓励有助于同事的智力成长，使团队长期受益。

44. 跟你乐意合作的人合作

永远不要忘记，你是个特别幸运的人，因为你（很可能）热爱（至少是部分热爱）自己当前的工作。在任何机构，员工热爱自己的研究和工作这件事都相当重要。我自身的经历跟其他传闻相吻合：如果你喜欢在自己的机构工作，那么你的研究水平会更高，也许是因为分心的事情更少。你一旦时刻盼望去工作，就会不停地想返回研究当中。我们都是社会性动物，同事会提升上班的愉悦感，跟其他人一道分享往往更加令人愉悦。如果你不喜欢跟自己院系里的同事合作，那么就去其他院系或其他大学寻求合作。

以奇克森特米哈伊（Csikszentmihalyi, 1997）的著作为基础的研究表明，与工作相关的“心流”能增强自我效能感，提高成就感和生产效率[1]。萨拉诺瓦等人（Salanova et al., 2006）强调，与工作相关的“心流”对个人和组织资源都有积极影响，因此，工作中更强的愉悦感和工作动机会提升个人和组织的成就水平[2]。赖特（Wright, 2003）等人则强调，积极的组织行为必须将员工的幸福和健康当成可行目标[3]。我们成年后几乎有三分之一的时间是在工作中度过的，因此我们不妨努力做出选择，找到自己喜欢的工作。

如果你不喜欢跟同事为伴，或者不喜欢自己的工作单位，那么就要试图找到背后的原因，并做出改变。可能是因为你在单位里工作了很长时间，或者成长得太快，也可能是某个同事有问题，把问题抛在你身上。当然，也可能有其他原因。无论如何，要做出清醒的决定，为了你的研究而做出改变。不要跟你认为会使人意志消沉的人合作——其他人可能感同身受。

你也可以采取一些措施来提高同事的工作愉悦感。当然，你永远无法取悦所有人，但是有时候，你可以提高工作环境中的愉悦感。我经常举办一场名为“预测英超联赛排名”的小型年度竞赛，让人们预测英格兰足球超级联赛赛季结束时各支球队的最终排名[4]。每月通过电子邮件向参赛者发送表格，这样产生了一点有趣的友谊，激发了办公室里更加令人振奋的谈话。对职场生活的其他小贡献也能对同事的精神面貌产生奇妙作用[5]。

学术带头人应该想方设法让同事聚集在一起，多创造机会让同事在工作场所内外友好相处。不必采取竞赛的形式，可以是每月一次的集体午餐、下班后每周一次的酒吧聚会，或者周一早上的咖啡时间。最重要的是，要让所有同事感觉到自己可以参加或者加入，这是一次愉快的体验，不要让同事觉得自己必须随时准备好战斗。

利用这些社交场合消除隔阂，减少对抗，舒缓气氛，学习如何更加欣赏对方。学术圈子很小，大家几乎都相互认识，因此别人会从小道消息得知要避开哪些机构。

■ 注释

1. Csikszentmihalyi, M. (1997), *Finding Flow: The Psychology of Engagement with Everyday Life*, HarperCollins.
2. Salanova, M., Bakker, A. B. and Llorens, S. (2006), "Flow at work: evidence for an upward spiral of personal and organisational resources", *Journal of Happiness Studies*, 7, pp. 1–22.
3. Wright, T. A. (2003), "Positive organizational behavior: an idea whose time has truly come", *Journal of Organizational Behavior*, 24, pp. 437–442.
4. 如果你想获取一张报名表并了解游戏规则，请向我发邮件索取。
5. 有大量文献将员工的精神面貌跟他们对公司的承诺联系在一起（如

Bewley, 1999)，人们往往认为，除了金钱和努力外，员工的满意度还建立在非金钱因素上(如Akerlof and Kranton, 2005)。请参考Bewley, T. F. (1999), *Why Wages Don't Fall in a Recession*, Harvard University Press; Akerlof, G. A. and Kranton, R. E. (2005), "Identity and the economics of organisations", *Journal of Economic Perspectives*, 19(1), pp. 9–32。

45. 请人阅读你的论文

让我感到惊讶的是，很多同事都不愿意这样做！每个人在向期刊提交论文之前都应该寻求反馈，以免浪费期刊审稿人和自己的时间。同事能更快发现语法错误或措辞不当。改正错误、提升文本的流畅性，能显著提升读者的阅读体验，从而提升发表的概率。

这个问题有几个层面。首先，一旦论文写完，足以向期刊投稿，就是时候让同事提供反馈了。你不应该把充满错误的稿件发给同事，因为这会让同事感到失望，将来不想浪费宝贵时间帮你。通常情况下，第一组同事应该来自你自己所在院系，他们的任务是确保你的论文言之有理、条理清晰、论证无明显瑕疵。

其次，你接下来应该让研究领域跟你密切相关的人假装为你提供一份审稿人报告。这些修订的目的，是确定编辑是否能找到理由在案头拒绝该论文，或者是审稿人是否能找出明显理由建议拒稿。你能找到越多的人按顺序（这样才不会重复）非正式地阅读并评论你的论文，期刊就越有可能只要求你稍微修改论文，从而提升论文被期刊接受的概率。你可以让他们告诉你，自己是否已经竭尽全力向审稿人推荐了自己的论文，论文的实际贡献是否足够大。你还要确保这些非正式的审稿人能为你提供准确指导，告诉你他们希望这篇论文发表在哪个期刊上，因为这能确保你找准目标期刊（不高也不低）。

创建这种非正式的同行评审网络的最佳途径，是让内部同事评审你的论文，而你也要回报他们的付出。你要记住的最重要一点是，你不可能永远不出错。你只是个凡人，也会犯错：如果你要推动社会科学的发展，那么犯错就在所难免。如果你从不犯错，那么就说明你还不够努力！

为了减少这些错误，你应该能信赖同事为你提供的支持和帮助。最优秀的同事会提供积极的指导和建设性的批评意见，以增强你的论证力度。尝试尽可能地运用学院的这类人际网络。

学术带头人可以在新员工当中发起这类同事互助机制。他们可以在新老员工当中培养一种行为习惯，即有责任通过阅读彼此的论文实现互助。一个好方法是，学术带头人让资浅员工给自己的论文提意见，资浅员工可能会感到受宠若惊。他们如果同意的话，可能会感到紧张，不敢提太尖锐的反馈意见。这种情况下，最好直接问：“你能预测这篇论文会出于什么原因被拒绝吗？”他们希望表现出自己在履行职责，可能会对你的论文提出全新看法。一旦这种内部评审体系得以建立，并被公认为是一种能够相互支持的制度，那么它就会成为第二天性，并让采取建设性批评方法的院系变得更加团结，进一步提升研究成果的质量。

46. 阅读并探讨彼此的论文

将同事聚集在一起的另一种方法，是创建阅读小组，邀请院系的全体成员尽可能参与。阅读小组可能起到两方面的作用：首先，成员可以在这里探讨曾经重要、部分被忽视或者刚发表的论文。其次，成员可以讨论彼此的论文，帮助推进彼此的研究进展。

加入非正式审稿小组可以带来一系列好处。第一，你可以掌握专业领域的第一手信息，在论文见刊前就知道人们的研究内容。第二，你有机会锻炼自己的分析和辩论技能。第三，它能提高你在阅读小组里的地位。你的意见越深刻、越有见地、越有用，其他成员就越欣赏你的能力。第四，你的反馈可能会提升其他人的想象力和分析技能，帮助他们推进研究。第五，你可以学习新的分析技能，并融入自己的论文当中，也可以促进与专业人员的合作，例如，他们应用研究方法，而你将研究结果与文献结合起来。阅读并评论其他人投刊前的论文有如下缺点：

（1）论文可能还没准备好供你评审（例如语法太差，你无法理解）。这种情况下，你要告诉他们先打磨论文，然后你才会评审。

（2）它会占用你的时间。你最好让同事知道自己何时会提供反馈，而不是让论文在收件箱里躺几个月。

（3）你可能会向同事暴露自己某个领域的知识匮乏。

（4）有时候，你必须诚恳地告诉对方，你不喜欢某项研究。如果你把这些想法说出来后，作者会改进论文，那就再好不过了。

如果你跟合适的同事合作，而且他们也会为你提供对等的支持，那么这些缺点都是可以接受的。

在向期刊投稿之前，应当对所有的论文都进行适当的非正式评审。除非你已经是领域内全球知名的专家，否则你很可能从非正式反馈中受益。实际上，如果你查看诺贝尔奖获得者发表的论文里的脚注就会发现，他们经常会列出一连串对论文提供反馈的人。也许要达到这种地位并发表重量级论文，首先就要获得反馈!

学术带头人必须抽出时间，利用自己的非正式评审技能，甚至提供培训，为所有同事提供建设性反馈。资深人士的指导会加快资浅同事的进步速度。学术带头人应该帮助建立阅读小组，并为还没找到小组的同事留意相关的小组。

要创建一种建设性、批判性、全面探讨同事论文的文化氛围实为不易。创建这种文化氛围的一个好方法，是让资深员工身先士卒，展示出谦逊态度，让大家可以公开、不受约束地讨论，并创造出新的、不同的思路来表述研究问题。恭敬的态度是关键，只有这样，院系的其他成员才会意识到，他们可以从这类深度辩论中获益良多，根本不用害怕招致过多负面批评，损害自身形象。

47. 了解时事

观点可以来自各个地方，包括在公开的、建设性的、恰当的对话中，从我们的同伴那里获得的观点。但是，我们应该培养和定期接触的一个知识来源是时事。现实世界是最好的范本，我们可以通过案例来解读、通过观点来认识、通过分歧来欣赏，从而汲取经验教训。

将你的研究置于时事当中，这样你就能向读者强调自己研究的相关性。这会增强你研究的有效性，并鼓励你的读者理解不同背景、文化、态度、价值观和信仰之间的差异。你可以利用自己掌握的时事来强调社会差异产生的原因、路径依赖的重要性以及同群效应和社会规范在决策和制定政策中的重要作用。

> 人类可以创造自己的历史，但人类不能随心所欲地创造历史；人类不能在自我选择的环境下创造历史，而是要在已经存在的、过去给予并传承下来的环境中进行创造。
>
> ——卡尔·马克思（Karl Marx），1852 [1]

对时事的各种观点和阐释为现代社会科学增添了丰富多彩的内容，并让我们意识到自己有多少知识可以学习，以及跟我们学科早期的作者相比，我们已经取得了多大的进步。所有形式的新闻和时事传播都在某种程度上存在报道偏见。你可以在自己的研究中明显意识到这种主观叙述，因为它可以让你质疑过去、现在和未来的理解、立场、政策和/或进展。新闻和新闻的叙述方式可以打破或树立偏见，而这是社会科学研究的核心。

深入而广泛的时事知识可以给你的读者和听众留下深刻印象，提高你的研究在他们脑海里的有效性。建立这些联系需要立足于现实世界，但是很多学者仍然将自己的研究重点放在假设、过度抽象和过度简化的假想世界。尽管应用活动和理论活动都在研究中占据一席之地，但是如果你两方面都精通的话，会发挥更大影响力。

报纸和其他新闻媒体会提供大量轶事证据，你可以引用这些证据来说明自己的社会科学研究的背景。用情境化的优势、弱势、机会和威胁的形式将你对时事的理解传达给读者，可以增强你论文的感知力，并加强当代采纳特定理论观点或政策的理由。

学术带头人应该高度关注现实世界。了解时事可以使他们探索并质疑自己和同事的论文，确保他们的研究相关性得到最大程度的发挥。通过鼓励同事结合实际情况参与时事，学术带头人可以激励他们对当今的文献、社会和政策制定者的行动做出越来越有针对性的研究贡献。

将时事和背景融入研究成果需要实践。尽管没必要进行正式培训，但是院系的学术带头人应当积极鼓励大家定期举例和讨论时事，弄清时事跟同事研究项目的关系。这种风气一旦形成，你就会惊讶地发现，你的同事们如此频繁地讨论可能与他们工作相关但被忽略的时事片段来拉近彼此的距离。

■ 注释

1. Marx, K. (1852), *The Eighteenth Brumaire of Louis Bonaparte*, Die Revolution.

48. 积极参加员工研讨会

将研究成果呈现在自己院系面前，比呈现在一大群国际听众面前更加令人生畏。其中一个原因是，你认为如果自己犯错，那么听众就肯定不会听完，所以你给自己增加了额外压力。

尝试提高自己的演讲能力，积极利用这种恐惧，这样你就能明显保持谦卑，并明显想要得到建设性批评。因为到最后，这种反馈会帮助你。不积极参与员工研讨会，只会降低自己的研究速度，延迟研究取得进展所需的反馈。

无论你的员工研讨会实际上进行得如何，都要确保对同事花费的时间和提出的问题表示认真和强烈的感激：应该表现出对他们建设性批评论文的感激之情。确保你认识到自己从他们的见解中受益匪浅。

积极参与院系的员工研讨会主要能带来两方面好处。首先，展示自己的研究成果，你将收到有用的反馈；其次，你可以给同事的研究成果提供有见地的反馈。

如果你在研究中碰到了障碍，那么就在演讲中加以强调，因为可能有听众能轻松地解决障碍，帮你节省大量时间。问“我发现这个问题很难，请问有好的解决办法吗？”，积极鼓励听众提出意见。

听众想了解你的研究贡献，而非别人的贡献，所以不要花大部分时间概述已有文献，而是在强调你想填补的空白时才引用文献。你可能无法记住听众提出的所有问题和要点，所以要随身携带笔记本和笔，在研讨会进行的过程中记下他们的意见，表明你在认真对待他们的想法。你可以鼓励他们进一步提出意见，为你提供更多帮助。

要尽可能频繁地展示自己的研究成果。先在内部展示，只要你认为已经准备好接受反馈，就可以向外部展示，从各个视角获取不同意见。

内部演讲最适合展示未写好的论文，但是永远不要在员工研讨会上展示已经写完的论文，因为这样会令听众沮丧，他们无法为你提供帮助。如果只是简单地展示处于最终打磨阶段的论文会让听众感到不满，因为你给他们提供的互动和横向思考的机会会更少。

当然，如果你想给外部听众留下深刻印象，希望在访问的机构找到一份工作，那么最好展示一篇即将完工的论文。但是在这些情况下，最好还是展示潜在的重叠和增值领域。

无论你何时需要激励因素完成研究论文，都可以拿出来展示，因为它可以成为你实现目标的动力。

学术带头人应该经常参加院系员工研讨会。学术带头人能起到至关重要的作用，原因如下：第一，他们需要优先参加每场研讨会，为同事做表率，强调参与的重要性。第二，他们应该向其他人展示可接受的提问措辞：要建设性地批评和给予帮助，不要贬低或破坏对方的成果。第三，如果某个同事对演讲者使用居高临下、贬低或破坏性语言，那么学术带头人必须在事后私下跟这名同事进行一对一的谈话，强调这种行为不可取，并向他们举例说明可以使用哪些不那么居高临下的方式来表达对同事研究的担忧。学术带头人应该做出表率，强调并展示同事应该使用哪些语言，采取哪些行为。[1]

学术带头人应该确保同事在展示研究成果时感到安全，不用担心会遭到谴责。研讨会上的对抗氛围会降低人们展示的积极性和意愿，而这反过来也会降低同事开展研究的速度和质量，因为他们会避免这些收集反馈的机会。

■ 注释

1. 那些用居高临下和贬低他人的方式提出观点和问题的人，往往是因为他们需要显得自己博学多识。如果你真的遇到这类提问，要清楚他们使用这种措辞可能不是因为你得罪过他们，而是反映了他们对自身的感受。

49. 组织院系的员工研讨会

员工研讨会可以而且应该成为院系讨论所有研究相关话题的纽带。它可以成为工作周的高光时刻，不同课题的研究者（尽管往往来自同一个院系）汇聚一堂，针对特定研究问题引发思考或者受到启发。

不要小看组织这类活动带来的压力和紧张情绪。但是如果处理得当，大家积极配合，这件事也会相当轻松愉悦。这样，你就能留下美名，成为一名善于进行外部沟通的研究者，对院系的研究文化和氛围做出重要贡献。

这个角色尤其适合处于职业生涯中期的研究者，最好是让两名同事有效合作。这个角色可以让同事为自己、院系和大学所在的地方、全国或全球范围内建立和强化现有联系，或者建立更多新联系。组织员工研讨会可以有机会拓展院系内每个人的学术网络，因此，这个角色对院系保持长期活力至关重要。

发起或振兴员工研讨会可能遇到一系列挑战。当院系不全面支持研讨会时，那么听众对研讨会的记忆可能是一个偏狭的回忆，讨论的是一个遥远的话题，而你是被迫参加去凑人数的。与其将研讨会当作拓展横向思考能力、慎重思考有益内容的机会，不如将它转化成正式职责，向外部演讲者或内部资深同事表明，你和院系里的其他人都在参加讲座。并向外部演讲者展示，你所在的院系是个有意思、令人满意的工作场所。尽管让外界看到听众积极参与、对研究感兴趣很重要，但如果这是自然诚实的行为，而非出于被迫，就更有说服力。

在我看来，组织员工研讨会是院系至关重要的职责之一。研讨会的氛围如果充满活力、开放、相互尊重、振奋人心，就能将院系内外的同行凝聚在一起，在同事的研究身份之间建立纽带，营造参与和反思研究的氛围，激励同事，并消除同事间真实存在的或想象的障碍。它也能向未来的求职者表明，该院系是个好的工作场所。

员工研讨会必须定期进行，是集体的、协作的、无障碍的、非对抗性的、有价值的、愉快的、支持性的和批判性的建设性会议，所有同事都期待这些会议成为他们一周工作的亮点。如果研讨会不具备其中任何一个属性，那么就需要有人积极倡议，做出改变。有时候，研讨会形式将取决于组织者自己，包括提供茶、咖啡、蛋糕等，可以打破任何形式主义。如果有同事对抗性和破坏性太强，或者太不屑一顾，那么就要由资深同事出面，将这名同事叫到一边，悄悄地说几句，鼓励他们改变语气，同时又不降低他们参与的积极性。演讲者的话题需要跟院系同事的研究方向相关并且有趣，这样同事才能推荐可能的发言人。因此，组织者可以是研讨会的学术管理者，但是研讨会的成功与否取决于院系全体同事的贡献。

学术带头人应该让心系院系研究与发展的同事担任研讨会的组织者。很明显，那些参与度低，跟内部同事不怎么沟通研究问题，外部人际网络有限，或者无法以最佳方式代表院系的人，都不是这一职位的最佳人选。

员工研讨会组织者这一角色应该由院系里的人轮流担任，以便所有合适的同事都能从个人或集体中受益。轮转的一种方法是，让新任命的组织者跟随即将离任的组织者一年，请他们独自担任一到两年的组织工作，然后确定一名新任命者跟随他们学习如何组织研讨会。

学术带头人应该邀请其他大学的熟人来学院演讲，对方往往会接受邀请。学术带头人还应该确保员工研讨会组织者这个具有战略意义的角色得到足够的支持，因为在邀请演讲者时，一些经验不足、人际关系网络小的研究者可能遇到困难，为避免尴尬可能不会寻求帮助。

50. 组织研讨会

如果你组织员工研讨会经验丰富，那么你的下一个发展阶段，可能是组织一场为期半天的研讨会，内容是关于你希望为人所熟知的主题。你应该仔细考虑希望有多少代表参加会议，讨论的广度与深度如何。例如，如果你的研究领域是地方发展，那么你会希望这个领域的资深学者和初级研究者参加研讨会。你可能还想让一些非学术群体利益攸关方参与，那么你就必须考虑只邀请当地非学术群体利益攸关方，还是同时邀请全国各地的代表。你跟非学术群体交往的深度，将取决于你目前的联系人和未来想要接触的联系人，以及你有多大的渴望和能力参与有影响力的研究。

演讲者和听众都应该从研讨会中有所收获。你可以鼓励市议员展示他们想解决或获得反馈的问题。你也可以邀请意见和需求最切合主题的群体代表，例如居民。你可以问在该地区投资的公司，到底是哪些因素吸引他们来此投资，还有哪些方面可以改进。你可以找到职业指导中心，查明为何一些本地毕业生不考虑留在该地区工作。你可以联系当地大公司，弄清楚公司想要毕业生具备哪些可能缺失的技能。

只要你愿意，你可以任意决定跟非学术群体互动的广度和深度。如果研讨会成功举办，你就会获得好名声。排除某个特定群体，例如上面提到的当地居民，可以增强学术研究的聚焦性，也可以削弱它的相关性和应用属性。换言之，这些决定可能出乎意料地有用，也可能成为经过深思熟虑的风险或者错误。人们会因为这一举措取得的相对成功记住你，更大的成功会为你的职业生涯、院系和大学带来更大的关注、机会和好处。

学者、政策制定者和全体参会者的时间都很宝贵。要确保你的研讨会具有十分清晰的焦点，而且你是与会代表可能会想到并认可的在该特定研究领域的杰出学者。但是，你在开展如此重大的活动之前，应该先围绕该主题建立声誉，而这可能需要几篇已经在期刊上发表的重要的实质性文章。

另一种策略是，组织的研讨会不是你自己的研究领域，但是对大学的招生地区有重大利害关系。这时候，你的任务就是将大家聚集在一起讨论该主题。在这种情况下，你将作为相关主题研讨会的主持人和组织者而闻名，你的关系网络可以将利益攸关方聚集在一起。

学术带头人应该不定期地举办研讨会，借此向经验不足的同事展示最佳实践。他们应该让对组织研讨会感兴趣的同事参与，这样的话，这些同事也可以了解举办和开展研讨会过程中遇到的挑战。

当学术带头人意识到自己有重要发现，可以通过研讨会的形式进行讨论并从中受益时，他们可以建议同事举办研讨会。他们可以鼓励其他大学的同行参与进来，还可以帮助邀请主讲嘉宾。

第六部分

会议

参加会议有很多好处，包括为你的研究获得反馈，为他人提供反馈帮助改进研究，拓展人际网络，及时更新你对当前流行研究领域的知识，在学术界崭露头角。

所有这些好处都将被囊括到这部分建议中。但是参加会议最重要的原因，是抽出时间来获得灵感、社交和反馈。以下是一些良好做法的建议，旨在最大限度地让你从会议中获得高水平的反馈、人际网络和灵感。

51. 规划会议出席情况

要确保参加令自己受益匪浅的会议。你的会议预算可能有限，因此你需要兼顾质量与数量。优先参加最适合你当前职业生涯阶段的会议。随着你的经验越来越丰富，最适合你的会议类型和你的参会频率也会相应发生改变。

你对其他参会代表的技能、专业知识和研究兴趣的了解也会发生改变。你会在会议上定期跟其中一些参会代表面对面交流。如果你努力建立良好的人际关系网络，那么你就能跟他们熟络，即使你们好些年未在同一场会议中碰面，也可以打电话约他们出来畅聊，征求他们的意见。人际关系网络是非常重要的。

出于功利性目的，你可能想要参加一些会议，因为在这些会议上发表演讲能让你的研究收到建设性、增长见闻的反馈。你也许想参加其他会议，展示你与更广泛的学科规则保持一致，无论你是否在这些会议上发表演讲。在某些学科领域，学者被寄希望于参加某些会议。你也许想参加其他会议，以便从不同角度学习新知识，例如经济学家参加社会学会议，反之亦然。

一些会议比其他会议更有益处。收益的类型会各不相同，取决于你要达到什么目的。如果你想要接受（和提供）适当的反馈，那么你会想参加专门针对你研究领域的现场会议。如果你要找一份新工作，那么你可能想参加探讨学科核心问题的会议。如果你想扩大人际关系网络，以便在申请基金时招募和扩大团队，那么你会想参加有特定代表参加的会议。要有策略地规划好会议经费的用途，明智地使用。

要确定职业生涯的工作重心。处于职业生涯中期的学者应该参加各式各样的会议，拓展知识广度。想跳槽去其他大学的学者应该参加仪式性会议。想为自己的研究寻求高质量集中反馈的学者应该优先考虑在现场会议上展示研究结果。

确定你在本学年最重大的需求：是想要寻求反馈、拓展知识广度，还是仪式上的一致性？有时候，你想要别人认识你，加强对你的了解。因此，参加这次会议可以确保你在别人的考虑中处于最前列，比如，当他们希望申请经费时，当他们正在寻找具备你身上技能的人员时，首先就会想到你。让别人了解你的优势对你未来取得科研进展至关重要。

学术带头人对同事和会议应该十分熟悉，能够帮助同事确定该参加哪类会议。他们能协助和指导初级研究者，确保初级研究者在截止日之前提交论文摘要。学术带头人还应该强调，在预算有限的情况下，应该优先参加某些会议。

在为我辨别适合我研究的正确会议方面，我最早的一位学术带头人玛丽昂·杰克逊（Marion Jackson）发挥了重要作用。她建议我参加一场我从未听说过的会议，自那以后，我成为该会议的常客。很明显，她花了数年时间才发现适合她自身研究的会议，并对会议感到非常满意。她还兴致勃勃地把这些知识传递给我，当然，我会一直感谢她明智而卓越的指导。

52. 适当聆听听众的提问

当你想要为具有挑战性的研究课题寻求反馈时，很容易变得紧张焦虑，匆匆忙忙地展示完自己的研究。很多参会代表可能会认为这人演讲技能差，令人沮丧。在这种情况下，演讲者通常希望会议尽快结束；神经高度紧张，在聆听听众提问时不够专心，错过了从听众那里获得意见的机会。

我在几年前的一场著名会议上就碰到过很糟糕的现象。一位备受瞩目的知名演讲者只是轻描淡写地回答参会代表的提问："这在文献中已经证实了。"这位代表问了一个合理的、有深刻见解的问题，但是令会场的一些代表感到惊讶的是，演讲者十分固执地坚持文献中的观点，而不是置身于现实世界中。尽管问得很明白，但是演讲者要么没有仔细听，要么就是故意选择忽视问题的内容。无论是哪一种情况，对提问的参会代表和听众而言都是一种无礼行为。

演讲时，要意识到大多数提问者都是想为你提供最具建设性的反馈。另一种提问类型是，参会代表受到启发，提出问题想让你解释清楚或者鼓励你进行深入研究。这些类型的问题最终可以转化为论文发表版本中的某个章节。

富有挑战性的新话题会引起大量的兴趣和辩论，从而引出很多提问。如果你不适当地回答提问，那么提问者可能会认为自己遭到了忽视。这种做法相当糟糕，你不想让别人记住你这一点。

听众向演讲者提问的内容主要分为两类。不幸的是，有时候，一些听众想要贬低其他演讲者。这种情况下，演讲者自然要辨别提问是不是在同行面前展示的一种社交威胁。如果提问者试图破坏你本人的形象，那么最好的回击办法是向观众中的其他人表明你可以掌控局面。感谢参会代表的提问，甚至把问题写下来，随后再反思，接着听其他人的提问。你处置个人攻击的能力会令观众印象深刻，这实际上会孤立傲慢的提问者，在这种情况下，你最终会赢得这场战斗！

尝试听出这两类问题的区别，因为你倾听和回应的方式会严重影响你学习和工作发展的速度。迅速搁置令人生厌的代表的提问，转而回答怀有好意、给人启迪、真正感兴趣的听众的提问。后一类代表在散会后甚至可能跟你一起喝咖啡。

一旦你摸清提问者的意图后，就要确保自己完全理解问题。如果你不理解问题，或者你需要更多时间思考问题的答案，那么就让提问者重复问题，或者用你自己的话将问题复述一遍，确保自己理解了问题。这种回复是完全可以接受的，比答非所问要好得多。

另一种方法是，先提供一个答案，然后问提问者，答案是否足以回答提问。如果你礼貌随和，那么提问者可能会花更多精力深入探讨这个问题。通常，他们会思考你的答案，并建议你们会后再私下详细讨论。这种做法很棒，因为有人有兴趣在会后参与到你的工作当中。

要感谢每一个提问者，因为他们本来可以不提问的！尽量认真听演讲者演讲，听其他人如何提问，确保自己像其他提问者一样亲切友善。在会议中演讲时，不要把自己打造成全知全能者（否则会给人留下傲慢的印象），如果你不知道该如何回答问题的话，就承认自己不知道。表示自己愿意学习更多知识，比假装自己已经洞悉一切要好得多。

学术带头人要谦逊而诚实地坦白自己的知识广度和深度。优秀学者都知道，无论我们的知识有多么渊博，总会有知识盲区，更别提那些“从来没有人知道”的问题了。最优秀的学者知道，许多知识都是建立在脆弱的假设基础之上，需要被拆开，进行更深层次的评估。

参加会议和员工研讨会并不是为了展示某人的聪明才智，而是为了推动知识进步。培养学院式、探究性但又谦逊的文化，将确保更多的知识积累和更快地增进理解。

53. 尽量多参加会议

参加会议时，如果有人在台上演讲，你就不要浪费宝贵时间想自己的研究，因为这是你向演讲者学习的大好机会！没错，你也许有紧迫的任务要完成，或者项目截止日期即将来临，但是你必须重新安排，这样你才能全身心投入会议当中，向他人学习。

会议通常是充满活力和刺激的舞台，这里有各种截然不同的方法、想法和难以捉摸的思想，激发横向思维和令人费解的与政策相关的问题。倾听他人的观点能刺激你自己的思考，往往能在不同观点之间建立自己未尝建立的联系。富有创造性的观点和演讲对哲学、观点甚至是普遍接受的概念提出挑战，从而开放思想，引导我们质疑自认为了解的知识。

会议能挑战你当前的思维模式，挑起你的兴趣，提出需要深思、未被发现的新观点。这些观点会分散你的注意力，并 / 或细化你自己的研究，使你变得更加具体，接纳最新观点。这种沉思和激励正是你成为学者的原因所在，所以要全身心享受，积极参与尽可能多的会议。

不参加会议就意味着你放弃了这些激励的机会。尽量多参加可能十分有趣的会议。你自己今后也要做研究，你不知道何时会得出真知灼见，灵光乍现，错过令人兴奋的会议会降低灵光乍现的频率和概率。你可以在演讲和社交活动结束后从事自身的研究。

很多学科的重量级学者很少会缺席相关会议，因为他们知道，会议是了解学术动态、发掘人才（他们可能是未来的同行）、将自己的深刻见解和直觉传递给下一代学者的宝贵机会。最优秀的学术带头人还会参加初级学者举办的会议，为他们提供支持，并对他们的工作表现出兴趣，尤其是当其他会议不太重要的时候。

54. 参加社交活动的重要性

即使你很腼腆，也要参加会后的社交活动，最大程度利用这些交际机会。不要饮酒过度。不要主导谈话，多跟大家交流。不要做壁花。在一切社交活动中都要有临场感，并保持当下的状态。

你可以利用社交活动筛选出合适的合作伙伴。很明显，参会代表在社交活动上的一个连接点就是共同的研究兴趣，而这可以成为开启对话的好时机。有时候，你可以这样开启对话——“您今天的演讲我听了，真不错”，接着再说：“您认为同样的分析方法适用于……吗？”或者“您可能需要重新考虑 X 问题，因为在背景 Y 下，效应可能由问题 Z 主导”。接下来讨论就会继续进行，有时候，你不在讲台上陈述自己的观点，这意味着你更加容易接受和回应其他人的想法和问题。这些谈话可以是充满活力的和反应灵敏的，将你的学术观点推向知识前沿。它们能激励你用新方式思考，遵循新的探索路径，或者考虑不同环境下的有效程度。

在会议的社交活动中往往会诞生新观点，建立合作关系，构想新的经费申请，产生并巩固友谊。这些友谊和工作关系会在你的整个职业生涯中延续，如果你想知道自己的新观点是否有道理，你可以先问问这些同行的意见。

有时候，你碰到的人会让你大吃一惊。我在 1999 年参加了一场会议，在用来社交的休息时间，我准备泡一杯茶。一位操着美国口音的中年男子也来泡茶，于是我们开始交谈。他十分友好，但是下一场会议马上开始了，我们的谈话被迫终止。我不知道对方的姓名，但是他谦逊、平易近人的性格令我印象深刻。令我欣慰的是，他对我的工作很感兴趣。这名男子跟我一起参加了下一场会议。在一间参会者稀少的会议室里，他就坐在我身旁，很快就睡着了。他开始打鼾，刚开始声音很小，但是接下来鼾声越来越大。我轻轻推了他一下，想叫醒他。可他又睡着了，又打起了鼾，我又推了推他。会后，我们进行了一场愉快的简短聊天，我对在会场上叫醒他表示抱歉，但是对自己的行为做了解释。我从他口中得知，他上午刚飞到英国，还在倒时差。下一场会议开始，演讲者是一位举世闻名的教授，我从本科时代起就一直在学习他的研究成果。跟这位研究者同处一室是我职业生涯的高光时刻，因为我认为这位演讲者应该获得诺贝尔奖提名。接下来，坐在我身旁的那位男士，也就是我们之前一起喝茶、后来我又用肘部推他的那位男士站了起来，向讲台走去。这恰恰说明，最优秀的学者也可能是最平易近人、最善于交际的人。

要参加会议上的所有社交场合，无论是晚间会议、旅行、茶歇、晚餐还是午餐。你永远不知道自己会碰到谁，了解到什么内容。

最优秀的学术带头人会在会议上进行有效社交。他们平易近人，许多有志向的学者和其他学术带头人都愿意跟他们交往。

我回想起自己从事科研工作初期，有一次我本想回到宾馆完成第二天会议的演讲内容，但是一位友好的学术带头人说服我参加年度股东大会。这是我首次参加年度股东大会，我刚开始以为会上会讨论行政事务和无趣的工作。我的想法并不全对，年度股东大会虽然相对正式，但是也是社交场合，有很多学术带头人参加。你可以辨别哪些人具有团队精神，希望为更大的利益做出贡献，而哪些人可能不具备团队精神。永远不要错过任何一个社交场合。

55. 做真实的自己，享受会议的乐趣

作为社会性动物，我们大多数人都喜欢跟人交往。但是，如果你生性害羞或内敛，那么在开会的时候尝试将这种性格抛诸脑后。在会场，你应该假设自己一直在讲台上，同时认识到自己可以为学术界和更广泛的群体做出贡献。其他参会代表会有意识或无意识地判断你是不是他们寻找的合作对象，他们是否能从你身上学到东西，将来是否应该为你提供一份工作，等等。我们很自然地会被看起来高兴、心情愉悦、脸上笑容具有感染力的人吸

引。要确保自己在会场上尽情享受，让别人有正当理由了解你。

在会场上跟同行交往的最好办法，就是做真实的自己。你已经在学术研究中展示了自己的能力，并且已经（或者正要）对学术界做出贡献。你的学术贡献无论多么微小，都会得到同行认可。当然，也有很多人在一些领域里做的贡献你永远无法企及，那是因为你们的研究领域略有不同——不要跟其他人比较。

有些名人会让你失望，也有人会让你一见如故，当然也有很多其他参会代表处于两者之间；这都很自然。同时，你没有理由主导对话，因为那些只想感受会场氛围、不参与对抗或激烈辩论的参会者往往会避免跟这类人打交道。

会议是集中拓展知识的好机会，如果你沉浸在知识和社交氛围中，会议就会十分有效。莫伊尼汉等人（Moynihan et al., 2015）认为，帮助他人的亲社会愿望是人类的基本目标，对个人的幸福至关重要[1]。所以，当我们在投入社交时，会学到更多，而在满意度更高时，会更多地投入社交，因而，在会场上做自己并享受其中，会让你从中得到最大收获，对会议做出最大贡献。

学术带头人也可以在其中发挥重要作用。第一，他们要知道如何在会议上社交，为其他人树立榜样。第二，他们要拾遗补阙，为需要提振信心、意识到自身工作重要性和乐趣的同事提供支持。这包括向那些刚刚被参会代表批得体无完肤的同事提供精神支持，因为这位代表的提问具有攻击性，不合理、不正当[2]。第三，学术带头人，尤其是受人尊敬的学术带头人，应该有能力接触那些带有攻击性的代表，提醒他们行为欠妥。为了学术界的利益，无论资历深浅，所有同行都应该在圈子里感到安全和受欢迎，这样才有信心对学术做出贡献。学术带头人尤其需要以人文关怀和学院派的方式鼓励大家提出建设性批评意见。

■ 注释

1. Moynihan, D. P., DeLeire, T. and Enami, K. (2015), “A life worth living: evidence on the relationship between prosocial values and happiness”, *American Review of Public Administration*, 45(3), pp. 311–326.
2. 侵略性是我们对他人行为的一种道德评价。请参考Sabini, J. and Silver, M. (1982), *Moralities of Everyday Life*, Oxford University Press。

56. 在领域内确立名声

很多人都对各种研究课题感兴趣。我们可能刚开始写一篇论文，可是当脑海里冒出另一个想法时，就把论文放在了一边。有时候，我们甚至可能在会议上陈述某个观点，随后并不发表任何论文。但是，一旦你在会议上确立了名声，那么参会代表就会参加你的会议，看你为某个研究议程带来了哪些新观点，而且对你当前的研究轨迹形成印象。你会鼓励这些人参加会议，为你提供建设性批评意见。作为回报，你会为他们提供信息，供他们思考。

随着你职业生涯的深入发展，你在某个特定领域的名声肯定会越来越显著。这很重要，因为那些想跟你合作的人需要了解你的强项，他们可能想知道这些强项可以如何用来为团队申请经费。

这并不意味着你必须将所有精力都投入同一个研究课题上，因为这同时也会体现出你在研究中缺乏灵活性。你可能会受邀加入资助小组、评审期刊论文、主持会议或者担任主题发言人。人们需要了解你的立场，知道你在某个领域的研究成果质量是否始终如一，只有这样，他们才知道如果让你加入团队能为团队带来什么。如果你的研究课题太过分散，那么同行可能不知道你擅长哪个领域，在碰到有趣的研究课题时可能会忽视你，转而另寻他人。

尽管遵循自己的研究兴趣是专注于研究的重要方式，但是有时候，一个人的研究领域会跟别人的预期相去甚远。如果参会代表知道你要陈述的内容跟你通常研究的内容不同的话，那么这就不是个问题。但是有一次，我在参加会议时，有人问我关于另一个发言者的情况："X 怎么在讲那个话题？他应该讲他熟悉的内容。"我感到惊讶，因为 X 是一位著名学者，在一些顶级期刊发表过论文。我当时就想："为什么这个人或者其他学者就不能研究他们认为有意思、自认为能做出贡献的研究课题？"回想起来，原来是那个向我提问的人无法理解那位著名的发言人做出的贡献，因此对这位经常吸引一大批听众的学者感到失望、无动于衷。请注意，如果你展示不属于你常规研究领域的内容，那么你可能会不经意间让一些人感到失望。

了解何时是研究自己非核心领域的最佳时机，去研究自己感兴趣的领域，仍然是棘手而困难的。一些人可能永远找不到正确时机，如果专注于眼前的研究课题，我们总是能取得更多成就。但是，多年专注于一个领域可能会变得单调，你的研究创造力也会老化。只要你继续在某个研究领域因产出高质量研究成果而著称，那么人们就会记住你，接下来你就可以拓展自己的研究范围，进入一个全新的研究领域，以保持对研究的兴趣。

如果你尚未在某个领域做出贡献，或者你的研究成果没能在目标期刊上发表，那么你也许需要在某个稍微不同的领域内做出贡献，或者你可以跟经常在目标期刊上发表论文的同行合作。还有一种方法是，你可以改变自己的研究领域，集中研究自己最感兴趣的领域。

学术带头人很难在这个话题上提供指导。这类建议会不可避免地挑战个人的研究身份，提供的建议如果会挑战研究者对自身的认知，可能会带来不必要的分歧。

我曾经在研究我的学术带头人感兴趣的领域，但是它并不是我通常的研究领域。那位学术带头人建议我放弃这个项目，重新聚焦我自己的研究领域。但是我并未放弃那个项目，并最终把论文发表在了某个优质期刊上。在我看来，我的学术带头人劝退我的部分原因是，我在入侵他自己试图深耕的领域。

因此，学术带头人应该鼓励同事在他们当前感兴趣的领域内做到最好，也许还能帮忙找到该同事可以填补的知识空白。如果学术带头人对同事的研究课题表现出兴趣、支持和热情（无论他们自己的研究跟同事的研究多么相近），那么同事就会感到备受支持、能量满满，认为自己所做的工作受到了重视，十分重要。

57. 全面展示自己的贡献，但不要言过其实

你是否参加过这样的研讨会：发言人过分强调自己研究的重要性，而你并不觉得他们的观点有多重要？一些发言人竭尽全力想让听众明白某个观点。更好的方法是，将听众的注意力转移到你的研究贡献上，明确强调自己的研究贡献，然后让听众判断贡献的重要性。

要确保自己的研究做出了尽可能多的贡献，而且贡献都是清晰的。不要宣称自己做出了十分重要的贡献，因为你的听众能看穿这个论断。你只要将自己的贡献清晰地展现出来，那么判断贡献的重要性就是听众的事了。不幸的是，如果你宣称自己的贡献十分重要，但是听众并不买账，那么你更有可能因为对研究领域做出不重要的贡献而著称。

最好的讲座和论文都会简要介绍研究领域内的空白，同时提出填补空白后能做出的巨大贡献。它们会强调贡献为何重要，然后让听众考虑和反思你的贡献是否填补了那个空白。假装自己重新发明了轮子，只会让人们认为你根本没有完全理解轮子是什么。如果没有介绍整个贡献，就会失去对文献做出重要贡献而被认可的机会。

学术带头人应该鼓励同事充分展示他们的研究贡献，跟试图控制过分强调贡献相比，这是个更加常见的问题。然而，过分夸大贡献的做法的确会发生，而且学术带头人可能很难处理这种情况。

优秀的学术带头人不会破坏同事的贡献，而是会鼓励同事进一步发展观点。但是，错误的方法是，试图告诉同事他们的研究不像他们想象的那么重要或具有开拓性。帮同事提升研究的影响力和重要性的好方法是，抽出时间帮他们进一步发展观点。

58. 在其他员工研讨会上展示自己的论文

如果你发现有人跟你的研究领域接近，而且你对他们和他们的观点满怀敬意，那么鼓励他们认可你的研究成果的一个好办法，就是安排时间在他们院系的员工研讨会上展示你的研究成果。令人惊讶的是，参加这种研讨会的研究者实在太少了，尤其是考虑到这类研讨会可能带来的高回报。

在其他院系的员工研讨会上展示研究成果有以下好处：

（1）参会的学者会更加了解你的研究能力和你为学术界做出的贡献。

（2）参会的学者更有可能引用你的研究成果。

（3）他们可能会赞赏你具备他们不具备的技能。

（4）他们可能会认为你平易近人，是可以合作的对象。

（5）展示和后续讨论可能会引发新的研究观念。如果（3）—（5）点同时出现，那么你有可能跟著名的优秀学者开始新的研究项目。

（6）你将收到可以推动你的研究向前发展的想法，在系列研讨会上展示你的研究会让这些想法更早出现。

（7）准备演讲可能会让你认识到之前不知道的空白或额外贡献。

（8）这是提升你学术网络中同行数量和质量的绝佳方式。

（9）你可以将自己的演讲视为职场演讲，因为听众会无意识地（或有意识地）考虑是否介意你加入他们院系。

（10）你可能会感受到某种程度的对抗和支持，让你知晓自己是否有兴趣在那个部门工作。

你每年应该努力在两场外部员工研讨会上展示自己的研究成果。理想状态下，这些展示应该在有员工的研究兴趣跟你重叠的部门开展，因为你们的研究兴趣重叠越多，你收到的问题就会越聚焦。确保让这些展示之间隔上一段时间，尤其是你将要在两次外部研讨会上发表相同的论文，这样你才有时间根据第一场研讨会上的意见调整论文，然后再进行第二场。而第二场里收到的反馈能进一步细化这些修改。

减少外部展示的次数会使你收到的反馈数量变少，而展示次数太多会妨碍你从事其他工作，如教学和行政，从而进一步拖延你完成论文的进度。你可以根据自己的行政和教学任务找到正确平衡，如果需要的话可以在这些限制中寻求变通。

学术带头人应该向经验不足的同事推荐其他大学的院系，因为这些院系的成员会对这些同事的研究很感兴趣。他们应该给同行强调接受这一反馈的重要性，向同行明确说明他们自己也在其他大学里展示研究成果。

59. 成为参谋能强化网络联系

大多数学者都欢迎别人给自己待发表的论文提供建设性反馈。如果你有时间，并且对其他人的研究感兴趣，那么就主动提出阅读他们待发表的论文。你可以审校论文，或者对论文进行虚拟的全面评审。一旦完成，他们可能会回报你的付出。

主动为他人的研究提供反馈，能增强你跟同行之间的互惠关系。它能拆除障碍，提醒彼此相互支持，鼓励他们发挥潜能。如果你知道，自己只需要走到走廊上，就可以向了解这个研究话题的同事提问，而且他们也愿意抽出时间帮你，这将显著提升在办公室工作的效率，而且能明显增强同事间的积极外溢效应。它能加快部门里的研究进展，同时提高工作满意度和认知，即该院系是使人进步的工作场所。

在当前环境下，新冠肺炎疫情使很多学者被迫居家办公，同事之间的联系减弱，研究受到的支持降低。但是，那些已经建立了强大的互惠网络，并且对同行交流仍然保持开放态度的学者，则转而使用 Skype、Zoom 等在线交流工具。遗憾的是，已经建立了这类网络的学者跟尚未建立此类网络的学者之间的差距，似乎在他们自己感知的研究进展中有所体现。那些建立了强大网络的学者相对迅速地转移到虚拟环境，受到的负面影响没那么大，而那些网络相对薄弱的学者就会受到缺乏联系带来的负面影响。在虚拟环境中建立非正式研究网络要困难得多。

及时用建设性的批判和支持性口吻提供反馈十分重要。如果同行的论文需要修改，那么就尽早告诉他们，这样能最大程度使他们受益。如果你是参谋的话，就不要迟迟不肯提供建设性批评意见，因为这是你在这种互惠关系中的职责。但是，提供批判性意见时要鼓励对方，起到帮助作用，而不是动摇对方的信心，起到破坏作用。

学术带头人应该成为论文参谋，但是他们也应该对演讲风格提供反馈。腾出时间帮助资浅同事，不仅能提升他们的信心，改善他们的演讲风格，还能改善其他人对院系里初级同事所做研究质量的看法。

学术带头人应该十分留意单一作者论文中潜在的孤独研究之旅，尤其是那些关系网弱的同行。这种孤独感在新冠肺炎疫情期间尤其引人关注。在疫情期间将内部员工研讨会改为线上形式可以维持研究者的士气，但是如果这些远程会议让资浅同行感受到其他人的研究进展都比自己快，那么他们可能会对自己的研究进展和研究贡献的质量感到更加焦虑。

在这种情况下，学术带头人需要十分平易近人，积极支持所有同事，并注意自我认同、研究成就和幸福感之间的联系。学术带头人应该始终跟所有同事保持定期联系，确保同事感受到自己被联系并受到重视。那些具有强大网络并在其网络中受到重视的人，会认为这是很自然的事情。

60. 主动提出组织相关会议

成为会议组织委员会成员可以获得巨大回报。以许多意想不到的方式回馈学术界会让人感到心满意足和值得。尽管帮忙组织大型会议会令人生畏，你可能会怀疑和担心出岔子了该怎么办，但协调工作总能顺利进行，尤其是在你跟同事进行明确沟通的情况下。组织会议能激发同事之间的情谊，积极的团队会很自然地齐心协力让会议成功举办。

加入年度学术会议组织团队的确能带来丰厚回报，尤其是当你在准备个人简历时，组织会议的经历会让你成为众人瞩目的焦点。协助组织会议带来的其他好处包括：你的名字会出现在会议手册上；致谢演讲中会提到你的名字；你可以跟参会代表定期交流；有机会拓展自己的人际网络并结识重要学者；开会期间茶歇时会有人专门对你表示感谢。

帮忙组织会议能拓展你的人际网络，提升学术界对你贡献的认可度。它能为你提供额外技能或提升这些技能的水平，这会对你今后组织活动十分有用，包括组织技能、时间管理和跟难缠的人打交道。没有你的自愿付出，有些会议可能无法顺利进行，而这会是学术界的损失。

想要努力加速研究进展的学者，完全理解同行有必要在建设性的、批评性的、广泛的、开放的、非对抗的和包容的文化氛围中，聚集在一起讨论研究课题。在面对面能催生人际网络好处的场合，这一点尤其重要。总是需要有人来组织这些会议。

你应该确保为跟自己的研究身份最相关的协会做出贡献，因为如果你不属于某个特定研究群体的话，你的贡献所带来的回报将十分有限。一旦你正确地认清自己的研究身份和跟自己最相关的协会，就是时候让他人深刻认识到你对协会的贡献了，这就是你加入他们会议组织委员会的良好时机。

你往往只有在拥有了几年博士后经历后，才可能加入组织委员会，在这期间你可能会改变研究重心。三五年后，当下一代学者加入组织时，你就是时候退出组委会，将重心转移到其他项目上了。多年以后，你可能会受邀再度加入，成为大会的主席。而你仅仅因为受邀担任这一备受瞩目的、责任重大的职务而获得的荣誉，本身就反映了你对学术界和协会做出的持续贡献。

学术带头人会知道这些外部职责对提高资浅同事的知名度有多重要，他们还应该注意到，这些承担外部职责的同事需要处理的工作更繁重了。优秀的学术带头人会通过承担一些任务来减轻同事的负担，让他们有更多空间去了解外部角色和职责。例如，那些承担耗时的外部职责的同事就不适合组织内部员工研讨会。有时候，同事的外部知名度和相关职责增加后，就需要对他们的内部行政任务进行重新安排。

协会的主席和会议组织委员会的成员（如协会秘书）在同一地点办公，对协会及其会议的顺利运行大有裨益。这种同地办公的方式自然可以使学术机构成为举办年度会议的最佳场所，然后可以在学术带头人的指导下建立一个更广泛的地方组织委员会。

第七部分

期刊循环：审核并提交论文

发表在期刊上的论文应该符合最高的学术标准。为了确保每篇论文都满足标准，需要对提交的论文进行同行评议，强调论文该如何改进，并对编辑人员建议当前形式的论文是否可以接受发表。为期刊评议提交的论文是评审系统的重要环节，它能帮助你推动研究向前发展，并为在更广泛的文献中塑造你的专业领域做出贡献。

我们在阅读论文时，会根据我们的培训背景以及一路走来积累的知识和经验来阐释和理解论文。我们的知识和经验决定了我们期望在期刊论文中看到的内容，我们在多大程度上准备好接受放宽特定的显性和隐性假设，我们是否对激进的替代观点持开放态度，以及我们如何坚定不移地维持主流现状。

这种确保期刊论文质量的方法有很多优点，但也有一些缺点。在期刊上发表论文是有社会依据的，是供需力量相互作用的结果。潜在的主流世界观加上方法论上的期望，会导致一种观点的延续，即使有人知道这种观点和知识已经过时。

尽管存在这些局限性，但期刊仍然是一个质量指标体系，而且我们目前还找不到更好的办法来记录知识的演化。因此，我们对自己的学科负有责任，要积极确保期刊尽可能发表最高质量的论文，帮助推动我们对世界的理解。

61. 尽量不拒绝评审邀请

期刊会不时地联系你，邀请你评审期刊投稿。如果你能对自己熟悉的内容进行分析，并提供一份质量上乘、严谨翔实的评审报告，那么在你决定拒绝这个机会前请三思。编辑会仔细思考谁最适合评审这篇论文，所以编辑已经将你视为该领域的权威人士。

你同意承担评审职责，就代表你同意建设性地批评一篇可能带来前沿贡献的研究文章。这可能是一篇引人入胜的文章，而你是第一批阅读者之一。论文里包含的信息可能会让你了解学术界最新动态。你还可以建议修改论文中的任何错误。你如果拒绝了这个机会，就会错过这些好处。

我曾经拒绝过一篇论文的评审，也是我唯一一次拒绝。这篇论文是在我的两周假期前收到的，假期结束后，我的工作和家庭马上要搬迁到地球的另一端，其中包括找房子和新工作的适应期。我不想因为延迟评审流程让期刊和论文作者失望，但是我也无法保证自己能在一两个月内完成评审工作。因此，出于家庭原因，我不得不拒绝了这次评审机会。遗憾的是，自从我拒绝了那次评审机会后，那份期刊就再也没找我评审过论文，这意味着我无法第一时间了解那份期刊发表的论文。

一些资浅同事在写作期刊论文评审报告方面可能需要指导。学术带头人应该在这个方面具备丰富经验，能够在需要时提供指导。有时，这种指导只是为了确认同事是否公正。根据学术带头人的判断和经验，有些时候，需要鼓励评审员多提出建设性批评意见；而在另一些时候，需要提醒评审员不过度修改论文。有时候，期刊可能会邀请学术带头人评审另外一篇论文，但是学术带头人可以拒绝这个机会，将它让给资浅同事，帮他们增加评审期刊论文的经验。

62. 评审时要有批判性，严格要求，但也要保持谦恭

在评审其他人的论文时，至关重要的是在建设性批评和尊重之间保持微妙平衡。你需要指出哪些方面可以进一步改进，以帮助作者提高论文质量，但是你的批评意见决不能变成任何形式的指责或高人一等的姿态。无论论文质量多高，你的评审都应该有所帮助并提供指导。

如果论文出了问题，你必须向编辑反映。毕竟，评审员的职

责就是告诉编辑论文质量是否足够高，是否足以发表。有时候，拟议的修改无关紧要，而有的时候却更加重要。出现硬伤往往是因为论文作者关注论点的另一方面，他们似乎不了解特定的相关文献，或者他们把对立的哲学观点混淆了。评审的职责就是指出这些漏洞和错误，并提供足够的信息，这样编辑就能判断到底是要求作者重新提交论文、接受论文还是完全拒绝论文。

你在评审过程中会收到一些优秀论文，忍不住想直接建议接受。在某些情况下，这样做是完全合适的。但是，编辑会征求你的意见，询问论文能否进一步改进，以充分发挥最大潜能，使将来的引用次数最大化。

提交给期刊的论文即使很优秀，也很少完美无瑕。在这些情况下，一定要强调这篇论文本身已经很优秀，但是通过 X 或 Y 的改动，可以进一步提升质量。在评审意见中强调这些建议修改的地方可能会提升论文引用次数或影响力，那么作者就会欣然接受。

即使论文存在硬伤，也要对作者强调该如何改进才能让论文得以发表。评审如果只告诉作者论文为何有硬伤是起不到帮助作用的。尽量确保你的反馈是建设性的、有用的，并能让作者将知识推动到下一个发展阶段。

学术带头人可以为经验不足的同事提供建议，确保他们既为论文作者提供建设性批评，又为作者提供支持。有时候，这种指导角色需要调整语言，确保语言的恰当性和支持性。而在另外一些时候，你可能需要鼓励同事重写评审内容，从而提升建设性批评的水平。

我曾经帮助过那些意识到自己的论文不适合在期刊上发表的同事。向编辑强调论文跟读者的期待相去甚远（例如在理论性期刊上发表纯实证研究论文），这种做法对编辑和作者都有用，因为编辑和作者都想扩大自己的读者群体。

63. 厚着脸皮问难题

有时候，你会意识到论证中存在一个真正需要填补的空白。也许要做出改进很困难，因此，论文作者可能试图引导论文远离你对这个问题的思考。但是，如果你认为某篇论文需要稍微调整一下重点，那么你就应该向编辑强调这一点。有时候，最难以实现的内容往往也是最重要的。如果是这样的话，论文作者尽管在短期内会感到沮丧，但是如果你的建议能显著提升论文质量，使读者数量和引用次数上涨，那么修改或改进的问题就符合作者和编辑的利益。

作为评审，你有权向编辑提出自己专业的建设性意见。如果你强调作者需要做困难的事，那么你还需要说明，在你看来这是论文的一个重要方面，还是只是值得去做的事情。

即使你说明这只是值得去做的事情，你提到的难题也会引起论文作者的注意，而这可能会在那篇论文或者同一作者未来的论文中推动学术向前发展。毕竟，你寻求的是更深层面的理解。

只有主动的评审员才能推动学术向前发展。只要论文存在优点，只要改进的建议是建设性的善意批评，那么编辑就可以根据你的建议决定论文需要进行哪些修改（如果有的话）才能重新提交。作者需要有人建议论文该如何改进，评审员就是在这个流程中提供帮助的。

一些资浅同事在评审中可能批判性不足。学术带头人有责任鼓励他们提高批判性，这往往可以在茶歇期间闲聊时提起。在院系里形成建设性批评和支持性氛围后，资深研究员就能营造有助于提出挑战性问题和刺激深层次思考的氛围，这往往能为资浅同事带来帮助。

64. 勿在无法胜任的情况下接受评审邀请

尽管前面提到过“尽量不拒绝评审邀请”的建议，但是在学术界，没有什么比长时间等待期刊的评审报告，最终发现评审员对相关领域几乎毫不理解更令人失望了。最近我就收到了这样一篇评审报告，所以我把报告发给熟悉我论文的专业同行看，想弄清楚我是否错过了什么内容。我同行的回答是：

> 评审员明显不了解一些基本概念……

跟我的专业同行一样，我感到十分尴尬，该期刊居然考虑了评审报告中的意见，因为其中的观点是如此的错误。不过，考虑到期刊如今收到大量论文，发生这种情况在所难免。

如果你接受了期刊的邀请评审论文，但是随后发现你对论文内容知之甚少，那么就要尽快告诉期刊，向编辑致歉，说明自己不具备相关技能，无法为论文提供有效评审，然后请编辑另寻他人。

期刊评审论文的过程是自愿而且是必要的，这样期刊才能决定是否要接受论文在期刊中发表。因此，评审报告的目的就是指导编辑做决策。编辑会定期收到作者的秘密反馈，了解到特定评审员的不足之处。评审员的声誉会传播，如果这种声誉不影响人们对提交论文的看法，那将十分令人惊讶。在另一个极端，优秀评审员会受到褒奖（例如翡翠文人奖）。你自己的名声面临风险，所以要确保评审报告能很好地体现你自身的专业知识。

为期刊撰写评审报告总是个好主意，但是你真的需要确保自己的报告不仅公平，还要具有建设性，能够在文献的基础上有所拓展。你需要向编辑恰当地证明自己建议的正当性。

利益冲突的确会出现，尤其是当你认为自己认识论文作者的时候。如果是这样的话（这种情况会经常发生），那么你需要对自己实诚，判断自己的报告是否会出现积极或消极偏见。如果会出现偏见，那么你就应该尽量避免。如果出于各种原因不能避免，那么我们对文献的研究和对改进理解的探索就不可避免地会遇到挫折，出于职业素养你不应该这样做。拒绝这次评审机会，向编辑推荐另外一名评审员也不失为一种好的做法。

学术带头人应该精通期刊评审报告写作，他们能够指导经验不足的同事在撰写此类报告时涉及的道德层面的对错。

65. 从自己评审的论文中学习

将评审论文视为真正剖析和理解其他人研究内容的契机。论文可能存在错误，但是也有可能存在采取特定方法而不是其他标准方法的充分理由。理解这种做法背后的原因，能让你领先其他研究者一步，从而提升自身研究的深度和质量。

有时候，评审员在接受评审论文的任务时，没意识到这对自己而言也是一个学习机会。这篇论文应该是对文献的一个新的潜在贡献，可能很重要且具有深刻见解。幸运的是，你有机会在大多数人之前阅读它。

利用这个机会学习（并检查）自己之前可能并未全面理解的内容，例如特定的方法技巧或哲学视角。这个机会可以激发你用不同的方式思考自己的研究。通常，你在评审其他人提交（和发表）的论文时会产生新观点，要记得写下这些新观点，并充分表达出来，以确保有足够的信息可以利用，并在写完评审报告后回到自身研究中的时候将其保留下来。

以一切评审案例为契机，建设性批评作者的论文，从这一经历中学习新内容，无论大小。作者也应该从你的观点中学习。通过匿名评审报告分享这些观点是必须做的事情，因为这可能推动文献向前发展。

有时候，资浅同事可能会找到学术带头人寻求重要意见，以了解他们正在评审的论文中特定统计检验的意义和适当性，或者论文中采用的某个理论或本体论观点的相关性和适当性。学术带头人应该腾出时间跟同事深入讨论这些问题。深入讨论某个哲学论点不仅能吸引人，还能让双方都感到愉悦。

66. 让相关期刊的编辑团队认识自己

一旦你为著名期刊写了大量论文，最好的做法是确保让你最想合作的期刊编辑团队成员了解自己。这样做虽然不太可能让你立即被编辑团队看中，但是他们可能会以积极的方式评价你和你的论文。

让编辑委员会了解自己可以带来一些好处。他们可能相信你能在跟自己相近的研究领域提供优质评审报告，这样你就能比其他人更接近知识创造的第一线。毕竟，如果你想要推动知识进步的话，了解你所在领域的文献进展状况至关重要。

如果这些编辑对你及时且深思熟虑地完成评审报告表示认可，而且你强调自己随时准备提供更多类似的评审报告，那么他们可能会接受你的提议。这可以从一个非常积极的角度来看，特别是当期刊编辑发现评审报告延迟、提交缓慢且难以获得时。被视为对学术界做出贡献的人，也能加强人们对你作为团队成员的尊重。你一旦得到某一期刊编辑的了解和尊重，也会让他们更愿意接受你为特刊出谋划策。

一旦你确定了自己最感兴趣的研究领域，就要确保让你最想评审论文的期刊编辑团队认识自己。也许你尚未在那份期刊上发表论文，但是已经有此打算。

大多数期刊都一直在寻找更多优秀评审员，主动提供服务只会让人用积极的眼光看待你。也许你为他们评审的下一篇论文会永远改变你的研究立场！

如果学术带头人发现某个同事在特定文献领域发表了优质论文，那么就应该向相关的期刊联系人提及此事，并鼓励编辑从这位同事那里获取适当的评审，因为这可能是让该同事掌握文献最新动态的好方法。学术带头人可以建议编辑让该同事在大学的系列员工研讨会上展示论文成果，这样编辑就能亲自判断该同事的知识水平。

67. 要理解每份期刊都有不同的研究重点

通常情况下，我们都会过于渴望在期刊上发表论文。也许我们厌倦了不停地修改打磨论文，或者也许我们的兴趣已经转移到了下一阶段的构思上。应尽量避免在论文完成之前就投稿，包括改变叙述方式，使其与目标期刊的叙述方式保持一致，因为修改措辞会浪费期刊编辑大量时间。

每份期刊都有自己的叙述方式，代表某种截然不同的世界观，为读者提供某种特定的文献。每份期刊都有自身的特色，如果你的论文不符合这一特色，就会遭到拒绝。你需要确保论文的意识形态跟期刊当前编辑团队的意识形态（和目标）保持一致。

请将你提交的论文视为市场上的报价。你论文的消费者会更愿意购买他们认为最适合自身需求的东西，这意味着你需要说服读者，他们需要购买你的论文[1]。遗憾的是，仅仅是期望评审员认可你的论文的质量还不够。

编辑相信他们的期刊扮演着重要角色，而且无论是哪一份期刊，不管期刊排名有多高，都对他们热衷的文献的发展起到至关重要的作用。期刊能反映出编辑的研究身份和优先事项，对某些编辑而言，这也意味着他们的期刊能反映出特定的意识形态观念。

要记住，大多数的期刊网页都不会明确透露这些信息，而且期刊的名称也不会完全体现这些信息。相反，有经验的研究人员有责任了解期刊市场。

但是，编辑委员会每 4 到 5 年就会变动一次，这自然会带来稍微不同的视角和优先事项。4 年多前期刊上发表过某个主题的论文（请记住最初提交论文和最终付印之间的时间差），并不意味着当前的编辑成员会发表你同一主题的论文。如果认为期刊名称中带有“区域”二字就适合提交含有特定地理倾向的论文，那就太天真了。

花时间了解与你研究领域相关的期刊。阅读你最感兴趣的论文，注意它们在何时何处发表。如果你想要对这些文献做贡献，那么最好是在你读到那些论文（和正在引用）的同一份期刊上发表论文。

这是向高排名期刊提交论文时遇到的一个主要问题。它们可能根本不适合你的论文，你费尽心思想在某个特定指标上评分高的期刊上发表论文，可能是在浪费时间。

你如果想在高排名期刊上发表论文，那么就要确保使用那份期刊使用的叙述方式。编辑没有时间阅读和重读论文，尤其是有些编辑每年会收到几百篇论文。如果论文不能马上引起编辑的兴趣（跟期刊的宗旨、哲学、本体论、认识论等明确相关），那么无论你认为这篇论文技术含量多高、多么具有可推广性、多么精彩，都会遭到无情拒绝。资深研究者也会从他们的资深网络中得知某个特定观点正在强化或弱化，这条消息可能会对内部同事或合著者有帮助。

学术带头人应该随时了解期刊宗旨和期刊编辑人员的变动情况，这样才能随时向同事强调这些相关变化。

■ 注释

1. 你甚至可以考虑期刊论文的市场是不是个既定的神话。请参考Dugger, W. (1989), “Instituted process and enabling myth: the two faces of the market”, *Journal of Economic Issues*, 23(2), pp. 607–615。

68. 注意论证连贯性的重要性

不同期刊发表的论文论证连贯性各不相同。在一个极端，你可能会看到详细的、富有哲理的、深思熟虑的长篇叙述；而在另一个极端，论文可能包含短小精悍的句子，其中包含描述性数字和速记方程。这可能与作者的专业知识、期刊对论证结构的要求、主题有关，有时候可能是三者共同导致的。

重要的是，你要意识到期刊之间的这些差异，而且你在提交论文时必须符合期刊的风格和预期。你遵守期刊风格和连贯性的程度，会显著影响你论文被接受的概率。

你的论文需要打磨，来吸引期刊编辑和主编的注意力。如果你的论文被某份期刊拒绝后，你不按照下一份期刊的风格和预期修改论文，而是马上提交，那么论文很可能会被认为不够好，编辑不会将它发送给繁忙的评审专家，从而被退稿。

如果论文被发送给评审专家，即使你的论文满足所有要求，如果主编（其职责是最终决定到底是接收还是拒绝你的论文）不喜欢你的论文，那么论文仍然会遭到拒绝。编辑有拒绝论文的自由和权利，尤其是很多编辑手头收到的论文数量太多。

每次你的论文遭拒后，至关重要的是不要把论文直接发送给等级更低的期刊。新期刊可能遵循完全不同的叙述风格和连贯性。如果你认为这份期刊适合发表你的论文的话，你就必须明确采用这种叙述风格和连贯性。如果你认为自己的论文对文献做出了巨大贡献，无论风格和预期如何都应该被接受，那么最终就不可避免地导致论文被拒。期刊发表游戏就像是市场，你需要将自己的论文兜售给编辑和评审专家。如果你知道他们的偏好的话，兜售的效果就会最好。

学术带头人应该十分留意前面讨论的异质性特征。他们应该为同事提供帮助，在同事提交和/或重新提交论文之前最后阅读一遍论文。资浅同事应该知道，他们可以向自己的学术带头人寻求指导，而学术带头人应该积极鼓励同事前来咨询。

69. 尝试用同样的批判性眼光评审自己的论文

写出优秀论文的一条秘诀是，有能力像为期刊评审论文一样给自己的论文提出建设性批评意见。这不仅要求你有能力批判性地评审期刊论文，还要求你有能力将这种批判性参与和反思转移到评估和改进自己的论文上。这是一项高水平的自我反思技能，即使是最优秀的学者也经常依靠自己的关系网络将自己的论文往正确的方向推动，而不是只靠自我反思。

有时候，你的学术伙伴可能没有时间评审你的论文，为论文提供有效的建设性反馈。在这种情况下，你要靠自己将论文提升到另一个高度。出于一些原因，要做到这一点可能很难。例如，认知盲区，也就是你纯粹因为对某个特定领域缺乏关注，无法发现预料之外的问题。你不可能发现自己论文中存在的所有潜在问题，因为你会深陷某个问题，有时候无法看见连接点。此外，我们还可能无法发现语法和拼写错误，因为我们往往会阅读我们自以为写下的内容，而非实际写下的内容。

为其他人的论文提供建设性批评意见很难，但是要为自己的论文提供建设性批评意见则难上加难。一条建议是，写完论文后把它扔到一边去，直到记不住论文的具体措辞。随着时间的流逝，你再回去看自己的论文，从不同的视角审视自己的论文的能力就会提高。

我在连续多天写作论文后，会把论文扔到一边，有时候要过一个月才会重新阅读和编辑这篇论文。这能让我具备更加批判性的眼光，帮我推进到下一个阶段。

学术带头人应该帮助指出跟认知盲区相关的问题。他们应该尊重地指出知识空白、思维缺陷和论证漏洞。学术带头人可以跟同事讨论这些观点，鼓励他们更具批判性的和横向思维的思考，从而推动他们进入这一自我反思流程。所有同事都能从这种集中关注中受益，而学术带头人可以鼓励同事之间开展此类活动。要确保这种参与具有建设性且有用，而不是抬高某人贬低另一人。毕竟，我们这个行业最重要的事情就是推动知识进步，这才应该是我们参与的主要聚焦点。

70. 将论文提交给适合的期刊

每个编辑团队都对自己期刊的理想发展方向有自己的看法。

编辑团队对自己的期刊感到十分自豪（这也是理所应当的），真正希望推动期刊进入下一个发展阶段。至关重要的是，你应该只向拥有能理解你观点的编辑人员的期刊发送论文，因为任何其他情况都会遭到拒稿或者浪费你的时间。

为了避免浪费你和期刊编辑的时间，要确保论文内容与他们所了解的文献一致。例如，如果你的论文提出了一个基于世界观的论点，即社会可以用类似物理学的属性来看待，那么参考那些提出社会是由制度构成的观点的论文将无助于你达成目标。

大多数期刊都有明确或隐含的本体论、认识论、意识形态和哲学。根据这些问题对当前编辑成员的相对重要性，期刊最近（以及期刊会接受的论文）就都会围绕这些问题。其他任何想法都是幼稚的。

判断期刊是否适合发表你的论文，最重要的方法是看自己论文中的参考文献，并确定参考文献中的论文发表在何处。如果你的论文是建立在那些论文基础之上写成的——而非单纯地认为那些论文有值得注意的问题而不予考虑——那么发表这些关键论文的期刊就有可能是你论文的理想目标期刊。将论文投向正确的期刊，无论期刊排名如何，都有可能使成功的概率最大化。

了解你的目标期刊最近是否更换了编辑委员会和/或工作重心。了解期刊既定的目标和范围背后的意义。获取建议并跟合著者公开讨论你的论文被期刊接受的概率，并讨论为了让论文发表你愿意等待多长时间。

询问并获取其他人的建议：你的论文是否适合投给某份期

刊。设定错了目标期刊只会导致论文发表延迟（通常为 6 个月）。如果论文里的结果具有时效性，这种延迟就是不可接受的。

将你的论文跟目标期刊里已经发表的论文进行比较。请注意，该期刊读者会期待过去和未来的期刊中出现跟你类似的论文。跟在内容宽泛的期刊上发表论文相比，投对期刊也能让你对文献的发展产生更大影响。（也要注意，这种观点削弱了期刊排名的相关性和重要性。）了解你要投的期刊，并且持续更新这方面的知识。

学术带头人应该对有关同事的论文（甚至是同事正在评审的论文）适合在哪个期刊上发表的问题持开放态度。在评审同事的论文时，结尾一定要建议你期待在哪里读到这篇论文，从而推荐一个切合实际的期刊目标。提出建议并公开讨论自己对论文被特定期刊接受的可能性，为作者的观点增添一些现实性，可能会节省作者的时间。

第八部分

教学

我们大部分的工作时间都被教学任务占据。大学直接或间接从学生那里获得的收入也支付了我们大部分工资。成为一名有效且高效的研究型授课者的关键是，确保我们的教学和研究任务在内容、结构、设计和表达方式上存在巨大重叠。例如，从事性别研究的研究者可以教授领导力方面的话题，并使用只涉及性别话题的教材。但是，如果教学模块包含跟性别相关的诸多议题，那么讲授效果也许更好、更高效、更有启发性、更富有洞察力，学生和讲师也许会更加愉悦。

教学内容跟研究兴趣产生协同效应能带来诸多好处。学生不仅能从该领域最新发展的知识中获益，还能利用他们的热情为研究内容带来活力，不仅能了解我们目前了解的内容和正在持续的工作，还可以了解当前存在的知识差距。对研究者而言，用别人能够理解的方法表达复杂观点也是一项挑战，提升沟通效率这一需求要求我们对观点进行反思和再学习，并积极说明我们为何用特定方式从事某项研究。这样能帮助研究者质疑自己的研究，推动知识进步。

哈蒂和马什（Hattie and Marsh, 1996）等人的研究表明，教学与研究之间的关联可以忽略不计[1]。我们只需查看某个院系，就能清楚地发现，一些人对科研的重视程度超过教学（Flexner, 1930）[2]，也有人对教学的重视程度超过科研

（Barnett, 1992）[3]。各大学的侧重点和集中度也不尽相同。一些大学专注于科研活动，另一些大学专注于教学任务。在院系和大学里，教学与科研的任何分离在各个时间点都可能各不相同。尽管存在这种差异，本部分还是强调，教学与科研活动之间存在协同效应，增强这种协同效应有迹可循。

■ 注释

1. Hattie, J. and Marsh, H. W. (1996), "The relationship between research and teaching: a meta-analysis", *Review of Educational Research*, 66(4), pp. 507–542.
2. Flexner, A. (1930), *Universities: American, English, German*, Oxford University Press.
3. Barnett, B. (1992), "Teaching and research are inescapably incompatible", *Chronicle of Higher Education*, p. A40,详情可登录https://www.chronicle.com/article/teaching-and-research-are-inescapably-incompatible/。

71. 教授跟你的研究相关的课题

大多数学者都要同时承担教学和科研任务。为了平衡科研跟教学任务，也许还有其他任务，在每个学年的特定时间段，教学相关的任务会占据很大一部分时间和精力。

考虑到要花费大量时间准备和深入掌握知识才能有效地教学，你应该尝试确保教授的内容跟自身研究相关。让教学跟研究存在强关联以确保最大限度地激发授课者的热情和灵感，这符合你自己和所在院系的利益。

很多大学都以研究导向型教学为傲，但是如果你不研究自己所教的内容，你就无法为这种精神做出贡献。如果你对自己教授的课题不感兴趣，那么你在这一领域所付出的努力可能会大打折扣，从而削弱你激励和鼓舞下一代学者的能力。当你的研究兴趣跟教学任务高度契合时，你的精力和兴趣就会唤醒学生的想象力，从而激励他们也对这个课题产生兴趣，加倍努力来更加全面地理解其中的关系。

在自己深入研究的领域授课还有一个好处：你可以将自己的观点抛给学生，来了解他们的兴趣。可以这样描述问题："文献表明我们尚未解决……问题"，或者"在你的论文里，你不妨尝试解决这个我们目前还不知道答案的问题，也就是……"。受你启发、充满活力的学生将来有一天可能成为你的研究生，并解决这道难题。

遗憾的是，院系的新员工将不可避免地会教授现有员工未教过的课题。但是，你在学术机构里的任职时间越长，供你教的模块就会越多。得益于覆盖的各种模块，你会有机会在不同模块之间来回切换，教你感到更加自在的课题。一定要让你的系主任知道你近期想教哪些模块，这样如果那个模块空出来，而且系主任认为是改变教学任务的好时机，那么你就可能会被安排教那个模块。

学术带头人应该对院系研究人员的教学职责提出意见。许多大学院系的排名也反映出研究成果，而非单纯的教学效率和学生反馈（通常反映出学生对学科的兴趣）[1]。研究人员教授自己研究领域的内容不仅更加高效，而且能通过自己的热情感染学生，提升学生的评价，从而在提高学生满意度的同时提高研究型讲师的工作满意度。

因此，学术带头人应该能建议系主任对研究型员工的教学任务进行预期的调整。学术带头人必须谨慎对待推荐教学任务的讨论，以免一些系主任认为学术带头人正在妨碍他们的教学和行政职责。

注释

1. 关于对学生反馈的有效性和适当性的批评性理解，请参考Valsan, C. and Sproule, R. (2008), “The invisible hands behind the student evaluation of teaching: the rise of the new managerial elite in the governance of higher education”, *Journal of Economic Issues*, 42(4), pp. 939–958。

72. 教授对你有用的内容

如果你足够幸运，有机会教授一些稍稍超出自己舒适区、超出自己直接专业领域和知识范围的内容，那么你就有可能在你的教学准备期间获得大量额外有用知识。例如，如果你有足够的好奇心，思维足够开放，能从不同的理论和经验视角理解社会科学问题，那么你可能幸运地得到机会教“争论视角”[1]或“研究方法”[2]等模块。

教“研究方法”这样的模块能激励你为自身研究收集更多适当数据，让你不再只依赖二手数据。这样的模块能让你向学生展示自己的研究，进一步激发他们的热情。教这些批判性和反思性的模块能让你激发学生的分析思维，激励他们针对他们自己的研究项目 / 论文从事研究，同时回答某些发人深省的问题。

如果你是一名理论家，那么教应用市场营销、应用商业模型、应用心理学或应用社会学等模块，可能会让你积极考虑如何将自己的理论运用到现实世界当中。

如果你是一名应用型研究者，那么教理论模块的机会可能会让你反思将研究的应用性质跟基础理论的广度联系起来是否合适和存在哪些局限性，然后质疑应用型结果在多大程度上对某一特定理论具有必然的排他性。

对其他教学机会保持开放有时候很难，尤其是当它迫使你采取跟平时不同的学术立场之时。但有时候，从长远角度来看，这些机会能为你提供更多的研究思路，从而带来回报。

例如，我读了齐利亚克和麦克洛斯基（Ziliak and McCloskey，2008）[3] 以及伯克斯（Birks，2015）[4] 的论文后，对计量经济学分析的准确性和效力感到越来越悲观。在团队教学理念的驱使下，我随后被要求教计量经济学，而院系里似乎没有其他人能胜任这一角色。这一经历促使我合著了一本书——《计量经济学鲜为人知的问题》(*Problems with Econometrics that You Are Rarely Told*)[5]。这一故事的寓意是，你经常可以将不幸的局面转化为有利条件，其中包括你认为自己十分不适合的职责。如果你有足够的空间和毅力将教学逆境转化为积极的机会，那么大多数形势都会变得对你有利。

在专业发展评审中，导师和学术带头人应该找出研究者教学组合中的不足之处，加以弥补，从而增长学术知识，增强院系实力。当然，学术带头人可能主要关注研究，但是从长远角度来看，对教学任务有更广泛的认识会对研究者有益。

■ 注释

1. 例如，请参考Harvey, J. T. (2020), *Contending Perspectives in Economics: A Guide to Contemporary Schools of Thought*, Edward Elgar Publishing。
2. 例如，请参考Saunders, M., Thornhill, A. and Lewis, P. (2018), *Research Methods for Business Students*, Pearson。
3. Ziliak, S. T. and McCloskey, D. N. (2008), *The Cult of Statistical Significance*, University of Michigan Press.
4. Birks, S. (2015), *Rethinking Economics: From Analogies to the Real World*, Springer.
5. Webber, D. J. and Thomas, W. (2023), *Problems with Econometrics that You Are Rarely Told.*

73. 了解其他相似模块的内容广度

有各种各样的方式可以创建、准备和教授模块。一个标准方式是确定、获取并使用教材。学生喜欢这种模式，因为教材是他们经常参考的清晰来源。

但是，一旦这已经实现，你已经使用该模块几个学期，那么就值得探索该模块的内容跟竞争机构的模块存在哪些区别。有时候，表面上看起来应该很类似的模块却可能包含截然不同的话题，或者从完全不同的哲学立场进行讨论。转换话题（甚至是哲学立场）可以提升授课者的兴趣，防止模块变得过时，使模块重新焕发活力，提升学生评价分数。

尤其是当模块跟授课者的研究兴趣接近时，转换模块里的话题可以让授课者保持警惕，紧跟最新话题。这种话题的交替能让积极的授课者保持对课题的兴趣，提升他们在课堂上表达的热情，让更多学生对学习产生兴趣。这将拓展授课者对相邻话题的理解，鼓励授课者考虑它们跟自己研究课题的关联。积极的授课者会使用这一新的或更新的教学知识为自己的研究服务。

我们可以通过跟部门内外的同事对话来确定模块中用来讨论的新话题。一个认真负责且训练有素的授课者能了解到，定期转换模块中的话题可以为教学内容带来新鲜感，尤其是可以提出新的评估问题。从不同的思想学派的补充教材中通常可以获得不同的话题。

要考虑的另一个点是学生的兴趣。我曾经被问到“良心消费”这个话题，并且意识到，当时在相关教材里几乎找不到该话题的参考。但是，我决定将这个话题（根据从期刊论文里找到的信息）纳入一场研讨会中，从而强调该话题的现有知识范围。回应学生的兴趣和请求能让模块内容保持更新，确保其内容符合当代学生的兴趣和相关性。

学术带头人也可以在这方面做出贡献，但是他们不太可能知道单独模块的内容。当然，他们可以支持系主任推荐定期转换模块话题的最佳实践，向研究型同事强调这种转换的益处。研究引导型模块也能从话题转换中受益，学术带头人可以建议授课者在模块中加入最近员工研讨会上的一些内容。

74. 围绕主题阅读

一些授课者喜欢用无可争辩和不容置疑的口吻展示信息。用纯客观、完全正确的方式呈现任何内容，都是假定衡量标准和衡量方法本身无可争辩。是的，根据使用的方法，被归类为失业的人数可能完全准确。但是研究的目的不是计算，而是解释和加深理解。因此，在这个例子里，有意思的话题不是多少人失业，而是了解政策在降低失业率方面的有效性，以及政策的有效性为何不是关注的焦点。

社会科学的其中一个美妙特征是，大多数社会科学问题都可以拿来讨论。其中包括对理论重要性的认识、研究者的选择、方法的合理解释，尤其是对定量和定性结果的解释。围绕主题阅读，从不同的视角重新阐释结果，引进意识形态和价值观，意识到我们测量的对象要么无法精确测量（例如价值观），要么太琐碎不应该成为测量重点，这些都可以让我们脚踏实地。聚焦于有意义的话题，理解从不同视角解释数据的价值，以及重新部署我们的工作，脱离学究气，这些都能提升我们教学和研究的实用性。最重要的是，我们不应该教学生思考什么，而是应该努力提高他们的思考和反思能力，帮助他们做出明智的决定。

从不同的立场聚焦现实世界和当代重要问题，可以让你在授课时有所启发，提高学生和你自己对本模块内容的兴趣。不要搞错了，在社会科学中，我们不是教学生单纯靠死记硬背特定的方法，也不是在教学生从一元论视角理解问题[1]。我们应该教学生理解不同的观点，在不同理论之间灵活切换[2]，意识到并尊重其他观点的本质，对不同的思考方式持开放态度。重要的是理解原因，而不是创造克隆人来维持我们现有的、可能有缺陷的思维方式。

在课堂上，最难也是最被低估的一件事，是用有争议、富有挑战性的方式教授内容。教学生理解某个指标或某项技术实施顺序的重要性相对简单。而推动学生质疑他们已经知道的内容，保持批判性，认识理解中的差距，并以令人信服的方式提出跟自己的观点完全对立的观点，则需要更加高超的教学技能。这些技能需要敏捷灵活的思维，不一定要符合大多数人的既定看法。

学术带头人应该意识到自己学科中的争论观点，并鼓励新讲师（特别是那些通过课题接受了相对一元化教育的讲师）在他们的模块中插入不同的理论和本体论观点。这种指导不仅可以提高教学质量，还能将知识融入研究型讲师自己的研究中。

■ 注释

1. Dusek, T. (2008), "Methodological monism in economics", *Journal of Philosophical Economics,* 1(2), pp. 26–50.
2. 例如，请参考Harvey, J. T. (2020), *Contending Perspectives in Economics: A*

Guide to Contemporary Schools of Thought, Edward Elgar Publishing。

75. 质疑潜在假设

社会科学中的所有模型和证据都需要进行解释，不仅仅是因为内隐或外显模型背后的假设。我们的学生需要明白这一点。即使选择了批判现实主义的方法来研究某个课题，也要质疑该方法是否揭示了富有洞察力的和有用的理解，以及是否需要更加抽象地解释某个观点。放宽潜在假设也能推动你理解教学主题的深度和广度，这可能会让你受益匪浅，给人启迪。

模型经常会过度概括，基于封闭系统里有限的或误导性的因果关系理论。一个标准假设是“其他条件不变”，即其他条件都相同，但在现实生活中，该假设永远不可能出现，因为我们生活在不断变化的动态社会中，而这种变化正是我们经常试图观察和理解的美。假设不确定的社会演化，那么我们讨论的就是枯燥乏味、假设和不实际的世界。学生会欣赏强调批判性思维的课程，尤其是当批判性思维超出教材内容范围时，因为这能提高上课的价值。

批判性思维技能很难教，其中一个原因是学生事先需要具备深度理解。但是，用不具批判性的方法教学会削弱知识的价值，淡化对现实世界的分析和评估，带来虚假的安全感——只要不承认现实世界复杂性的重要性，就能轻松实现某个目标。一些授课者认为，我们不应该给低年级学生教复杂的思维技能，因为对学生而言太难（也许对授课者而言挑战也太大！？）。但是，难点可能不在于让学生理解复杂概念——他们的能力往往比我们想象中更强——而是确定该如何用学生能理解的方式传授知识。这项挑战不是针对学生的，而是针对授课者的。

通常情况下，直到我们意识到预测与实际情况毫不相关，才能充分理解我们的潜在假设存在局限性。我们大多数人都没意识到我们分析中关键假设的重要性，但是一些研究人员则会对意识到假设的重要性持更加开放的态度。

学术带头人应该最先认识到并理解支撑理论立场的潜在理论假设的重要性，并且应该有能力以加强现实主义和理解的方式揭示这些假设的重要性。学术带头人应该协助他们的同事，引导他们发现隐含的假设，帮助他们阐释这些假设，推动知识进步。

76. 尝试以多元化方式教学

对授课者而言相当重要的一点，是质疑自己讲座和研讨会中的知识。很多学者不了解采用非主流方式思考的价值。令人震惊的是，一些学者笃定自己了解真相，或者了解揭示真相的唯一方法，而这跟大学引以为傲的追求开放思想的理念恰好背道而驰。

我们更容易将课程重点放在主流教材的内容上，避免将自己置于有争议和争论的境地。事实上，如今好争论的社会甚至鼓励我们回到核心教科书中去，而这些教科书的措辞往往非常严谨，限制了更广泛的思考。但是，大学教育的目的不应该仅仅是提供信息，而是要鼓励学生思考、比较、对比和辩论，以加深理解，并意识到大多数社会科学知识都有提高和辩论的余地。

人们对大多数社会科学问题的思考都很多元化，意识到这种多元化可以促使我们开展研究去解决这些争论，并质疑这些（表面上）更弱势的观点是否未得到充分开发和重视，社会规范是否会左右我们对学术界同行认为重要的问题的思考。承认观点的广泛性能让我们强调差异很重要且具有价值，而这能提升我们对他人观点的宽容度和接受度。

以多元化方式进行教学，刺激学生挑战他们对主流文本的理解，这可能导致对主流问题的深入理解和/或对异端观点的迷恋。以多元化方式进行教学，对你自己和你的学生都是个挑战，这能产生大量新观点和发人深省的深层辩论。而这是以单一本体论、意识形态或认识论教学无法实现的。有人认为，学科中的共识太多也可能会导致思考停滞，转向学究式的[1]探寻[2]，进一步导致研究活动对知识的贡献越来越小。

不幸的是，很多核心教材往往会建立在单一世界观上，如果你决定将自己的模块引导至更开放的平台，那么这将使你在院系中显得与众不同，尤其是当你周围并没有思想上同样开放的同事的情况下。涅格鲁（Negru, 2009）认为，科学哲学的发展，经济方法论的混乱，随之而来的对经济学宽容的诉求以及更广泛的正统与异统之争，都是影响经济学中多元化辩论的性质和方向的关键因素[3]。

通常情况下，院系内部的研究可能来自非常相似的世界观。如果是这样的话，不墨守成规的人可能会感到不舒服，不敢表达他们的担忧，也不敢直言坚持采用一元论观点的局限性。缺乏接纳不同意见的开放文化，可能会对院系内思想的进步和批判性产生灾难性后果。学术带头人应该确保所有同事都能得到支持，当他们有不同的观点时，可以大胆说出来。

■ 注释

1. “There are two types of people in this world: pedants and everyone else”: Petelin, R. (2017), “In defence of grammar pedantry”, *The Conversation*, 1 June.
2. Hodgkinson, G. P., Herriot, P. and Anderson, N. (2001), “Re-aligning the stakeholders in management research: lessons from industrial, work and organisational psychology”, *British Journal of Management*, 12, pp. s41–s48.
3. Negru, I. (2009), “Reflections on pluralism in economics”, *International Journal of Pluralism and Economics Education*, 1(1–2), pp. 7–21.

77. 确保让学生知其所以然（而非只知其然）

过多的教学细节和过于复杂的教学内容是非常诱人的。这可以让我们更容易在课程作业和考试中明确评判对错，尤其是在我们这个爱好争论的社会。不幸的是，在这种情况下，学习只能沦为一种记忆练习，并淡化了思考、斟酌和哲理对于创造新思想和新观点的重要性。

我认为，在高等教育领域，我们已经陷入了一种窘境。似乎有必要确保我们教授的内容看起来明显正确——就像核心教科书或顶级期刊上介绍的那样——但这是以停止思考和表达那些挑战和促进我们思考的观点为代价的。相反，我们应该教会学生思考、斟酌和批判性地形成能够表达高质量思想的想法。

如今的互联网搜索引擎十分强大，用户只需点击几下就能找到真假事实。这涉及在不考虑原始数据的适当性、对现实世界政策启示的适当性以及任何调查结果的外部有效性的情况下运用理论模型。只让学生知其然，不深入思考其所以然，那么学生会由于缺乏横向思考和批判性思考的能力，也缺乏质疑面前的伪事实的能力，最终导致一根筋。

我们如果想让世界变好，那么就必须用参与性和批判性的方式教学生。这对授课人员和研究人员来说是个挑战，因为它要求我们了解不断增长的大量文献，而这些文献都是由那些在维持现状方面存在既得利益的守门人发表的。

如果你教授的模块包含的主题跟你的研究领域非常接近，那么理解一系列解释肯定会更加容易——解释的优势取决于你接触某个主题时采取的视角。如果不是这样的话，那么最好采用一系列核心和非主流的教材及期刊论文，全面而正确地理解有关主题的思维广度和深度。

如果你希望培养毕业生的批判性和开放性思维，使他们能够以创新的方式解决现实世界中的问题并进行横向思考，那么采取这种方法就意味着你能为一种现象提供各种解释，或者有各种现象和各种解释。

学术带头人可以鼓励资浅同事了解他们在培训中可能没有接受过的广泛思想。学术带头人还应该鼓励同事用平易近人的、互惠互利的方式（也许是在员工研讨会上）一起讨论各种观点的广度。学术带头人应该强调，我们期待并欢迎在教学和科研中扩展思考范围，不仅是为了提高学生的思维能力和解决问题的能力，也是为了让学生更愿意探索和宣传各类观点的优缺点。

78. 教学团队里要有你的学习榜样

团队教学存在难处，并不总是奏效，尤其是当授课者对自己在模块教学中的贡献不负责任的时候。但是，以团队形式教授一个模块能促进专业化和辩论，从而提升学生成绩。跟与你思考方式不同的同事一起教授某个模块，能强烈地促使你更加深入地理解问题。

例如，一名社会学家和一名经济学家共同执教有关心理健康与就业之间关系的模块，那么就可能出现一些非常生动、对比强烈、具有深刻洞察力和启发性的讨论，可以唤醒人们对学科盲点和无意识偏见的认知。

当两名思想开放但采用不同研究视角的学者共同执教某个模块时，就有可能开发出一个极具吸引力和商议性的模块，使其充满思想的深度和广度。模块里包含用文明、敬重的方式提出的竞争性观点，可以体现出建设性分歧，并促进旁观的学生进行谦逊、体贴的互动。采用如此有争议的方法来构建思想可以使学生和员工受益。学生会意识到并欣赏思想的广度，员工会感到有必要更深入研究问题，从而提升备课质量。

团队教学可能是个巨大挑战，尤其是在同时给学生展示对比鲜明的内容时。所以另一种方法就是按照观点的顺序进行一场理论探险。比如，我曾经在教某个模块时展示了核心主流观点，而一名优秀同事随后展示了其他观点，对主流观点形成了挑战。这项团队策略激励我确保自己的教材背后的假设清晰可见（要比主流教材清晰得多）。必须承认的是，有时候要证实这些假设相当困难。

我因为需要更深入地建设性批判这些观点，所以从同事处获益良多。我一直鼓励这种做法，但是只有积极参与的授课员工才能有效开展这类练习，而授课员工如果也在研究该课题的话就更好了。向同事学习的机会往往局限于短会议、办公室闲聊或科研研讨会，但是教学也能成为相互尊重、相互学习的重要机会。

学术带头人在员工的研究兴趣方面的配合，往往能使教学团队更加强大。学术带头人因此可以协助系主任将建设性的科研协同效应结合在一起，使模块重新焕发生机，为学生创造激动人心的学习机会。

79. 了解对常见话题的批评

标准教科书竞相以用户友好和易懂的方式来介绍核心知识。尽管很多学生也许会对这种清晰的呈现方式表示感激，但是如果这是学科理解原则的标准沟通方式的话，那么知识就会变得标准化、毫无争议。

因此，很遗憾，很多学生并未意识到这些核心教材的一些原则是可以争辩的。我们需要注意和使用那些强调这些争议、并对看似无可争议的观点提供更多批判性观点的课本。它们还介绍了如何将这些教材融入强调这些争议的模块当中。这些批判性课本往往被视为补充性课本，而其中包含的信息应该成为批判性模块的核心，其标准观点可以在网络上随时查阅。

尽管社会科学中有本科生就应该掌握的一些事实，但是我们应该让研究生对当代相关的问题进行深度参与和思考。只有当我们实践中明显地与文献抗争，从而以身作则地教育学生如何批判性地看待文献时，才能培养出更深入思考的能力。

在标准观点中加入争议性内容，能刺激学生和员工更深入地思考模块内容。伯克斯（Birks, 2015）[1] 提供了对计量经济学进行批判性思考的绝佳案例，而哈维（Harvey, 2020）[2] 则解释了有关经济学的批判性思维为何存在。

伯克斯（Birks, 2015）留意并随后总结了使用计量经济学主要会遇到的三类错误：假设不恰当、Beta 估计值不精确和政策结论不适当（或者被称为 A 类、B 类和 C 类错误）。伯克斯通过大量案例介绍了相关信息，使它成为一本通俗易懂、引人入胜的研究生水平的教科书。[3]

对于那些不采用多元化方式授课的人而言，教授替代性和争论性观点可能是个挑战。但是，多元主义者往往是能欣赏各种观点优缺点的学者。跟执着于自身观点的学者相比，他们往往能对观点提出更具建设性的批评意见。在学生认定某个特定观点之前，我们难道不应该先教会他们思考所有的竞争性观点，以免他们被迫采用单一视角（或者更糟糕的是，只知道单一视角）来看待问题吗？

学术带头人应该鼓励同事了解竞争性观点。学者们对围绕某个问题的竞争性观点理解得越透彻，就越能批判自身观点，并提出更加强大可信的论点。同样，最好是在由研究为主导的教学模块中进行，以便学术带头人跟系主任合作，提升院系的教学和科研实力。

■ 注释

1. Birks, S. (2015), *Rethinking Economics: From Analogies to the Real World*, Springer.
2. Harvey, J. T. (2020), *Contending Perspectives in Economics: A Guide to*

Contemporary Schools of Thought, Edward Elgar Publishing.

3. 可通过以下网址查看重要教材http://www.worldeconomicsassociation.org/textbook-commentaries/alternative-texts/。

80. 跟学生互动，他们也会跟你互动

有些授课者，尤其是研究积极性高的授课者，可能会远离教授本科生的伪世俗事务，漫不经心地把教学过程简化为单向的知识传播活动。从各个方面来看，这种方式都是不可取的：它既无法满足学生的需求，也会使授课者感到麻木，而且还会在授课者跟学生之间形成一道屏障，阻止灵感和知识双向传输。

教学应该是双向过程，教学相长。授课者看到自己的教学激励学生，学生同样激励授课者，没有比这更令人欢呼和满意的教学时刻了。当学生深度参与、感兴趣甚至痴迷于课堂内容时就会出现这种情况。我曾经在课堂上将自己的研究观点传达给学生，让我感到惊讶的是，他们的观点是如此具有洞察力、有理有据。事实上，有些学生的灵感甚至引导我用稍微不同的方式研究课题，并可能会成为最终研究论文的灵感来源。如果我们不害怕将课堂视为双向对话和共同创造的机会，我们就能创造活力四射的课堂氛围，让学生和授课者互惠互利。

当授课者鼓励学生深度参与（他们应该一直这样做），教授跟自身科研兴趣紧密相关的科研主导型或科研启发型模块时，学

生的意见就能激励授课者用不同的方式思考自己的研究。尽量让学生始终参与进来并从中得到启发，一些学生似乎就是为了得到启发才来听课的。

我十分幸运，教过一些优秀学生，他们会用不寻常的方式质疑我的理解，探索研究和知识的方向，质疑研究的本体论和认识论基础，甚至会揭示需要（或仍然需要）进一步研究的文献空白。教学是双向对话，能使双方受益。

跟学生互动的授课者往往也能更好地跟参会者互动，因此学术带头人有必要确保研究积极性高的授课者保持互动和激励人的教学方式。授课者会磨炼自己的教学风格，在会议和员工研讨会上展示研究时，往往会无意识地使用相同的沟通方式。确保授课者经常使用自身的展示技巧来激励学生，还能确保他们的会议展示风格激励参会代表。

第九部分

学术研究跟外部资助的工作息息相关

如果你十分幸运，获得了外部资助，或者有机构想要使用你的知识，那么就庆祝这一成就吧。接受外部资助的研究[1]对你的职业生涯大有裨益，但是要注意别掉进陷阱里，成为一名没有任何批判性学术思想的顾问。要确保自己别忘记这一事实：你是一名学者，而不是顾问。一些资助者可能只想要在文件上盖一枚著名的学术印章，而不是要你的洞察力。

■ 注释

1. 在这里，我所说的外部资助研究是指机构付钱让你从事的任何研究，不包括研究理事会资助，例如，英国艺术与人文研究理事会（AHRC）、经济与社会研究理事会（ESRC）、英国工程与自然科学研究理事会（EPSRC）。研究理事会往往会资助你提出的研究，而不是邀请你代表他们从事研究。

81. 要意识到外部资助的工作会占用学术研究时间

随着你职业生涯的深入发展，你要确保自己在各个方面都取得成就。这些方面包括优质教学、在全球领先的期刊上发表论文、对系 / 院 / 大学的运作做出有效贡献和创收。按照这个顺序在每个方面做出高质量贡献。尝试同时在太多方面取得进展会占用你的学术研究时间，损害你的研究生涯。

这四个专业领域都需要时间去开发、提升和掌握。先掌握前三个领域，再掌握第四个，你就能确保自己不会碰到费时费神的问题，从而削弱你精通前三个领域的能力。你不想让资助你研究的外部机构失望，也不想损害自己的声誉。

建立关系网和参加外部资助的项目启动会议、展示和其他形式的宣传都需要大量时间。意识到从事外部资助活动需要花费的大量时间，可能会使纯学术研究者放弃外部资助。

集中精力按照教学、出版、对院系做贡献和创收的顺序做出业绩。在其他领域做出业绩之前不要想着创收，因为它会占用你从事其他活动的时间和精力，而人们首先会根据其他活动评判你的表现，而非创收。例如，你创造了外部收入但是没有发表论文，那么你就会被视为顾问而非学者。

尽管创收无疑是值得在简历上大书特书的一项重要技能，但是院系学术人员招募小组更看重在世界顶级期刊发表论文。因此，一旦你拥有了创收成就，就需要仔细选择你愿意为哪个资助方工作，你要将哪些合同外包给同事去做，哪些合同你不会去申请，或者会考虑拒绝。你在简历上提到的获得额外收入的好处，可能无法弥补在优质期刊成果方面的损失。

学术带头人往往是受邀承担外部资助工作的人。他们能腾出的时间最少，应该优先为同事提供帮助和支持，以建设和增强院系实力，帮助同事实现潜能。

学术带头人可以邀请资浅同事加入外部资助的研究项目，以此增强院系内的技能。一个值得信赖、团结一致并得到支持的团队才能取得成果，学术带头人在这种情况下要比单打独斗显得更加强大。

82. 现在是你从事这项工作的最佳时期吗

外部资助活动需要占用的时间几乎总是超出预期。考虑到你在教学和行政工作中投入的时间相对固定，从事外部资助活动会占用你本来可以用来从事学术研究活动的时间。你需要十分严肃地思考自己是否有时间从事外部资助活动，以及外部资助活动对你的学术研究会带来哪些影响。

很明显，如果你筹集了外部资金，你的晋升机会就会更多，但是你的学术地位和可信度只会跟你对知识的贡献挂钩，而不是你是否为哪个组织写了一份报告。

确定你现阶段职业生涯的优先事项，慎重地决定你接下来该在哪个领域取得突破：增加同行评审的期刊论文，提高教学效果和效率，拓展外部资金流，还是提升同行声望。一些机会可以让你同时在多个领域取得成就，而另一些机会明确会占用你的宝贵时间。

从你大学以外熟悉你的、受人尊敬的学者那里寻求建议，问他们如果处于你这个职业阶段会做什么。反思他们的建议，判断自己是否应该听从他们的建议，确保你的目标足够高，以便实现你的壮志雄心。

> 对我们大多数人而言，更大的危险不是把目标设得太高无法实现，而是把目标设得太低而未能实现。
>
> ——米开朗琪罗（Michelangelo）

定期反思你的研究雄心，你选择的道路是否会以你最希望的方式奖励你。外部资助工作能为你打开大门，能为你提供更大的自由，能安抚你的直接负责人，能让你获取你需要但是无处寻找的数据。

但是，在错误的时间从事外部资助工作会为你带来压力，占用你批改作业、撰写讲义、参加重要会议或休息的时间。

通常情况下，如果你没有时间，最好选择跟你信赖的优秀合作者合作，让他们为你分担压力。当你分身乏术时，你信赖的合作者会承担起你的工作，反之亦然。当你遇到突发事件，但是外部资助者仍然想让你按时完成工作时，团队合作往往会给你带来回报。

这时候，学术带头人会在一些重要方面成为重要的渠道和纽带。他们会为同事寻找外部资助研究机会。他们会将同事纳入外部资助团队当中分担工作量，为同事提供经验。他们可以在外部资助文件上贴上自己的“教授”标签（为了获得优越感经常需要这样做）。他们可以在大型公开会议上展示成果，这可能会使资浅同行望而却步。

至关重要的是，学术带头人要充分肯定参与项目的同事的作用和贡献。这能让同事感到被重视、欣赏和认可，从而通过团队工作提升院系的实力。

83. 只参加能出版学术作品的资助活动

要注意的是，尽管学者应该为政府和更广泛的社会提供协助和指导，但是我们在知识交流方面的贡献还未得到充分认可。反而，科研评估工作和同行效应继续确保期刊出版物是衡量我们在学术界地位的主要指标。有鉴于此，重点是要考虑外部资助的研究工作是否会带来优质期刊论文发表。

你要明白，如果你进行的外部资助工作不能带来优质期刊论文发表，那么你只是在做顾问做的事。你并没有产生跟学术相关的可供发表的新知识。顾问的任务不是改进学术知识，而是提供专家建议。然而，在你职业生涯的不同节点，从事此类工作可能仍然是正确的决定。

学者能从事的最好、最有价值的外部资助工作，应该对资助方和学术界都有好处。确定你通过完成外部资助合约能填补哪些学术知识空白，完成合约并确保部分工作成果能在期刊上发表，从而一举两得。要确保外部资助合约允许你在学术期刊上发表相关研究成果。

要意识到这种外部资助工作应该跟学术研究产生强大的协同作用，两者不应该相互替代。要确保外部资助工作尽可能跟你自己的学术研究兴趣互补，而不是单纯为了追求经济利益。

学术带头人应该支持资浅研究者尝试从事外部资助工作，因为这对该同事的职业生涯和院系形象都十分重要。外部资助的研究机会可以为社会带来改变，应该用积极的眼光看待。

但是，学术带头人应该避免让同事过分承受为大学筹资的压力。尽管筹集外部资金无疑是一项重要任务，但是如果学者只将精力集中在筹资上而非为学术界做重要贡献的话，那么就会妨碍学者的职业生涯发展。

84. 与他人合作开展外部资助项目

我们很多人都可以自主构建抽样框架、收集数据并撰写研究报告，但是大多数学者可能都对外部资助研究项目的其他部分感到完全陌生，例如撰写（非学术）报告、（非学术）讨论、（非学术）展示和（非学术）测验阶段。

成功完成外部资助的咨询项目需要不同的技能。不同的人会为外部资助研究团队带来不同的技能，因此最好让具备不同技能的学者组成团队来开展这些活动。

单个学者往往不具备完成外部资助项目所需的全部技能。有的学者擅长写经费申请书，有的学者擅长跟利益攸关方进行有效沟通，还有学者擅长分析。针对某些外部资助活动，你的同事可能（相对而言）比你更擅长，你自己可能要花很多时间和精力才能提升自己的技能并承担所有任务。因此，更好、更愉快的方法是让大家分担工作任务。这也是一个重要的机会，经验丰富的研究人员可以向经验不足的研究人员介绍外部资助研究合同的考验和磨难。

你的同事可能会找出差距、填补空白、进行你甚至想不到的敏感性测试。如果不是短期的话（他们可能需要培训），那么从长远来看，他们可能只是为你减轻负担。分享工作任务能让你分配更多时间从事自己的学术研究。

分担外部资助活动有很高的长期收益，尤其是在你组成了一支合作良好的专业互补团队时。一旦你投入时间完成第一个合作项目，那么之后的项目会更加容易，因为你知道团队的优势，尽管每个合约都有特定的挑战会让你保持专注和兴趣。

因此，我的建议是，你应该尽早组建或融入一个高效且灵活的团队当中，每个人都有明确的分工。在这里，同事之间彼此信任至关重要：信任他们会在有时间的情况下完成任务，让每个同事都有机会检验工作成果；信任他们会尽自己最大的努力；相信他们不会让团队其余成员失望。明智地选择自己的团队，为之后节省时间减轻压力。

学术带头人会在一些领域有专长，但是为了院系的利益，他们应该邀请同事一起从事外部资助项目。学术带头人跟同事合作，可以确保不让自己精力太过分散，并给同事提供从事外部资助项目的新机会和新经验。

学术带头人应该承担三个主要任务：第一，他们应该争取资助并拥有良好的信誉；第二，他们应该是优秀导师，激励同事竭尽全力；第三，他们要为同事提供有效指导，提高外部资助研究经验的有效性，从长远角度提升院系的实力。

85. 确定合约方的需求

身为学者，我们的主要目标是对知识做出贡献。我们喜欢探索和发现新鲜事物的机会。一些外部资助者的确想让你在他们的影响和兴趣范围内发现新知识，但是另一些时候，他们只想让你揭示跟他们的目标相一致的证据。

一些资助方在财年即将结束时有余款需要花掉，但是不完全明白想从你这里得到什么。他们起初只有一个粗浅的想法，然后你告诉他们这个粗浅想法的答案，然后他们想要更多。也有的资助方有自己的方案，他们不想使用你的研究技能，只想让你提供证据证明他们的政治、经济、商业和/或社会目标。

对于一名新手而言，被要求提供外部资助工作似乎是很大的褒奖。资助方一开始就会恭维你，表示你的研究目前为止多么有趣有用。

但是，要留意一些资助方会想方设法劝你完成额外任务。由于你想让他们对你的工作感到满意，你可能会同意完成超出之前答应的工作量。再往后，他们可能会要求你修修补补，会把这些要求说成好像是原始协议的一部分。

根据我的经验，这种现象尤其会出现在你揭示的结果跟他们想象/想要的结果不一致的情况下。你接下来可能对样本量或者样本中可能出现的偏差有所怀疑，然后你可能会继续做更多的工作来完成合约。你要知道，除非你的结果完全符合他们的预期，否则他们可能永远不会对你的工作感到满意。这会使你筋疲力尽，你宁愿当初不接这份工作。有时候，最好是同意止损，从而恢复你的目标感。

为确保不出现这种现象，你必须确切地知道他们在寻找什么。双方同意这种研究是调查性的，可能不会产生他们想要的结果，并且你们都确切地知道要进行的工作是什么，否则就不要签署合同。

始终确保你的合同有一个明确的退出点，并且这与明确实现既定目标有关。在开展工作之前要反思工作的方方面面——这能为你节省大量时间和精力。永远不要签署没有明确退出点的合同。除了为研究理事会所做的工作外，要始终对工作到底是探索性的还是有某些隐藏目的持怀疑态度。

确保每个合同都有明确的截止点，在这个截止点之后你就不会提供进一步工作，然后坚持这种做法。如果资助方想让你继续工作，那么就需要签订新合同，设定新的退出点。

学术带头人应该明白，外部资助方往往想得到超出要求的成果。乐观主义者会认为，这些只是正当的敏感性测验或类似测试，而现实主义者会认为，他们只是想要物超所值。

学术带头人应该利用自己的经验，就合同的措辞（从学科角度而非从大学律师的角度来看，合同意味着什么）以及履行义务所需的工作提供建议。他们应该为所有外部资助工作提供建议和指导，因为初级学者（还有很多资深学者！）在被要求提供超出预期的工作时可能会感到有压力。毕竟，很多社会科学家都想回馈社会。最初的外部资助经历会影响今后的工作，也会影响学者未来筹集外部资金的能力。

86. 事实、解释和政治修辞

很多外部研究资助机构想让你确定发生了什么事，而不是为何发生这件事，然后让你评论某个政策杠杆是否合适。

从本质上而言，他们当中很多人会要求你证实他们的猜测，证实他们的观点，即有必要采取某个行动。他们可能会指引你查看某个特定案例或政策实施情况，而非竞争性案例或政策选择。这些请求背后通常有不可告人的政治目的。

如果你是一个使用二手数据的数字计算专家，通常会定期更新数据，那么你就有可能很好地编制文件更新，来指导他们的政策举措。但是，如果你倾向于收集详细的原始定性数据，或者想要了解潜在的广泛可能性并更全面地了解知识，那么你可能无法全面理解一些外部资助研究经验的局限性。

在开始项目之前，了解可能存在的潜在政治议题或者潜在政策实施情况至关重要。你也许能根据特定的本体论和认识论写出实证研究论文，结果自然地遵循一系列潜在假设。你可能会被卷入一些事后看来会让你感到不安的事情中，即使结果对你而言是显而易见的，这仅仅是因为他们在过度解读你的结果。你可能不知道你的结果正在以特定方式被重新解读，以支持你不认可的或讨厌的现象。

再者，你得出的结果和论断可能不符合他们的预期，他们可能会找一名挑剔的评审员破坏你的论据和论断。你可能会被卷入一场意识形态辩论，而这可不是你的初衷！

资浅同事可能需要学术带头人支持一些外部资助工作，尤其是当研究结果在资助方看来存在争议的时候。学术带头人应该有信心和地位能够介入并帮助同事，同时还能缓和关系，避免失去未来的合同。

一些问题可能是政治上的烫手山芋，副校长可能需要出面做决定，以便让知名度高、实力雄厚的外部资助者站在自己这一边。双方签署保密协议，确保有争议的结果不向外部资助的研究团队和资助者之外的人披露，这种情况并非没有发生过。

87. 准备向非学术群体展示信息

学者接受的培训是跟其他学者（如大学教职工）或者正在受训的学者（如学生）交流学术观点。我们的标准培训不是针对跟非学术群体交流学术观点的。有时候会感觉学者和政策制定者使用的是完全不同的语言。为了提高跟非学术群体沟通的效率，你必须参加有效的培训，重新设计你的预期和词汇。

学者往往对我们可以讨论、反思和辩论的细节感兴趣，其他人也许会将这些技术性问题视为“纯学术”甚至是带有“学究气”。但是，非学术群体和政策制定者大多数都对信息的实质和对他们及其辖区的意义感兴趣。

学者和非学术群体之间可能存在的利益鸿沟，会影响你向非学术群体表达观点和关注问题的方式。例如，一些学者可能无法理解为何一些政策制定者不欣赏他们认为有趣、也许对政策制定者有用的内容，而政策制定者会因为学者可能不太愿意从样本中得出过分精确的结果感到失望。

大多数学者都会认为这类沟通培训有用。观点沟通不畅势必会带来挫败感，从而可能导致失去获得后续资助的机会。许多大学会培训学者跟媒体沟通的技巧，这些技巧在跟外部资助方沟通时也能派上用场。

当然，外部资助方对某个观点的参与程度往往要比媒体更加深入。要具备跟不同受众沟通的能力十分有挑战性，通常需要经过培训才能有效，而且需要经常练习。学者一旦跟非专家进行有效沟通时，就会成为家喻户晓的人物，例如，爱丽丝·罗伯茨（Alice Roberts）教授、布莱恩·考克斯（Brian Cox）教授、玛吉·阿德林·波科克（Maggie Aderin-Pocock）博士和露西·沃斯利（Lucy Worsley）博士。

学习如何跟外部资助方有效沟通，似乎需要实践和相互尊重。一些大学的确会资助这类培训机会，尽管这些技能往往可以通过实践和模仿资深同事得以提高。学术带头人应该建议相关人员参与此类培训，并邀请同事跟他们一起参与外部资助项目。

88. 跟你想支持的组织建立联系

跟你想支持的组织建立联系，也许是因为他们主张你相信的事物，或者他们的价值观跟你的类似。很多以价值观为导向的组织都会很高兴看到学者愿意支持他们，这也能提升同行对你的尊重和增加获得外部资助的机会。如果你的价值观跟资助方的高度一致，那么你很可能表现出好奇心和高度参与性。

你首选的资助方应该能认可并尊重你对知识的贡献，并且能资助你花时间思考他们的问题或议题。尊重往往是相互的。因此，他们尊重你的观点，很可能是因为你尊重他们的努力和他们所推崇的事业。潜在案例可能包括绿色和平组织或世界自然基金会。

受资助的研究如果没能在期刊上发表研究成果的话，对你个人履历带来的价值就可能存疑。但是，它能为你带来莫大的自豪感——你帮助保护了环境，促进政策改进，或者为其他有能力者打开大门，对社会做出积极贡献。这种自豪感会随着机构在你认为对社会积极进步至关重要的领域，以及你希望产生影响的领域开展研究而得到强化。

一旦你成为一名受到认可的学者，你就有机会为社会做出有益的贡献。腾出时间反思你想跟谁 / 为谁产生哪种影响，然后确保跟这些机构建立相互尊重的积极关系，这样你可以使他们受益，同时希望他们也能使你收益。这些积极的互利关系需要花时间建立。

认可影响力的科研评估的一个好处是，你不一定要接受外部资金才能有所作为。有时候，机构会允许你进入他们的公司或接触他们的员工，建议他们的联系人跟你联络，然后使你的研究具有互利影响。考虑到科研评估的错综复杂，对大学来说，为某个机构开展的无资金支持的研究，如果能产生高质量的影响案例研究，可能比一系列外部资助的小型报告更有经济价值，因为政府资金往往是根据影响力的质量来分配的。因此，跟为你的院系直接创收相比，你跟机构的联系可能更加重要。

学术带头人往往比院系的同事更擅长引资。但是，如果学术带头人把大部分精力放在筹措资金上，那么他们应该注意，同事可能会因为他们对学术文献缺乏贡献而认为这不是优先事项。

相反，如果学术带头人跟受人尊重、声誉良好、明显值得获取学术帮助的机构合作，然后鼓励、支持本部门的同事并跟他们合作，那么好处和荣誉就会遍布整个院系。确保机构的价值观跟学者的价值观一致，能为从事研究的学者带来更多尊重。

89. 资助方为何要专门联系你

学者需要有自己的研究重点，并且在特定的学术群体中为人所熟知。同样，你也应该让政策制定者熟知自己撰写特定类型报告的能力。政策制定者会跟其他辖区的同行分享政策文件，因此其他辖区的政策制定者可能会联系你，要求你为他们提供类似的研究成果。如果你能在某个领域持续保持兴趣，那么这可以成为富有成效的外部资助收入的传送带，并且可以在一段时间内反复利用。

当你完成了令你感到自豪的外部资助工作，而且报告里的知识令外部资助方眼前一亮，那么一系列利益攸关方都会知道你。为了巩固你的名声并确保持久性，你需要不断发展和补充自己的成果，这样才能不停地为这些资助方提供新内容。

有时候，你需要向资助方强调新知识为何重要且值钱，从而进行需求管理。但是，如果你已经为他们提供了他们认为有价值的内容，那么你就具备了重要的成就记录。修订报告内容能给报告接收方留下好印象——你处于知识的前沿。

请确保你不仅与众不同、紧跟知识前沿，而且能通过有效沟通让外界看见。确保外部资助工作的可见度（有时候通过口耳相传，有时候通过你网站上的文件）还能将你摆进市场上，提供重要服务。如果你强调你的研究成果在市场领导者或著名的资助方眼中足够好，那么下一个优秀外部资助方可能也会这么认为。

你应该尽早树立自己的“品牌”，这样资助方才知道你提供的服务。你提供的服务越容易被发现，你接到的工作就会越多。一个重要方法是积极参与现有的辩论，在辩论中展示你还有话要说。改变对话方式，让讨论围绕着你擅长的方向和你能做出的贡献展开。要清楚这有巨大的价值，你的研究报告带来的效益要大于成本。关键是让人们明白你在这个领域有巨大影响力，因为你的资助方想要获取最新知识。

我最开始参与外部资助研究活动，是从一名资深同事那里接到分派的活儿。我不想损害同事的利益，但是我的确想为团队做贡献。在这种情况下，沟通是关键，良好的沟通会节省时间。完成一个又一个合同之后，我们逐渐建立了一支彼此信任的团队，坚信自己能做出贡献，按时完成报告。我们在之前工作的基础上共同完成了报告，而且确立了团结可靠的名声。

90. 你能承受不从事外部资助研究造成的后果吗

一些学者认为，他们根本不需要从事外部资助研究。但是，社会科学研究的目的应该是制定现实世界的政策、贡献实用的相关知识、推动社会发展。

如果你是一名优秀教师，在世界顶级期刊发表过论文，对你所在院系的生活和行政事务做出过有效贡献，那么你下一步应该从事外部资助研究，为社会做出重大贡献。活跃的研究者如果遇到跟自己研究领域相关的机会，无法承受不从事外部资助研究造成的后果，因为外部资助研究能让你的学术研究在现实世界中得到应用。

你的理解、动机理论、认识论立场和哲学视角如果用可信的方式传达，都会影响政策制定者和顾问。知道自己改变了政策，使社会受益，会带来巨大的满足感。请注意，这也可能会让人上瘾，一旦你开始向好的方向改变，你就可能会有内驱力做出改变，使更多人受益。

根据我的经验，跟一般人的看法截然相反的是，阻止学者跟顾问和政策制定者接触的障碍，并不是学者看不到其中的相关性和好处。当学者认识到并获得与顾问和政策制定者接触的机会时，许多人对这个机会持开放态度，条件是这些机会要建立在他们自己的学术研究之上，并与之相辅相成。

每个学年都有适合从事外部资助研究活动的时候。大型研究项目最好避开教学时间，不应该取代年假或季节性节日（如圣诞节）。但是，顾问和政策制定者的日程表跟学者的不同，这意味着外部资助研究活动需要硬塞进学者的日程表中。

当然，学术带头人也应该承担相关的外部资助研究，但是他们应该确保同事也这样做，但不要让自己精疲力竭。学术带头人意识到外部资助研究在同事的履历中会越来越重要的话，就必须限制同事的行政和教学任务，从而提高同事的学术能力，满足外部资助研究的要求。学术带头人会意识到，在常规工作时间内完成这些耗时且时效性强的外部资助活动十分困难，因此必须努力利用职权保障同事的福利。

第十部分

影响

影响是指对社会的一部分或全社会做出巨大贡献。如果你的研究足够好，那么你应该会对社会带来积极影响。如果你的研究还不足以做出这样的贡献，那么也许你应该问更大、更有用的问题。

学而知之，不若学而行之。

——约翰·罗恩（John Rohn）

91. 跟现实世界建立联系

面对现实吧，有时候，学者从事的研究项目对我们似乎至关重要，但是实际上对大众而言不值一提，几乎毫不相关。尽管有明确的空间进行横向思考和富有想象力的思考，这些思考可以对知识做出重要的和实质性的贡献，而且尽管我们不知道这样做会带来哪些发现，我们仍然应该大力提倡，但是我们也要确保跟现实世界成功建立联系。

跟现实世界建立联系，能让我们以公开演讲、知识交流、政策建议和媒体报道的形式传播知识和发现。非学术群体的问题能启发我们思考研究的新观点和新方式，我们常常会忘记大众的问题和观点是多么有见地和有意义。

我们可以通过一系列渠道将研究跟现实世界联系起来。之前的建议强调联系利益攸关方和政策制定者带来的好处，但是公开演讲、公开辩论、促成或主持公开会议，或者只是出门拜访公司、机构或社区群体，都能起到联系社会和普通大众、带来有益的行为改变的效果。通过联系现实世界来拓展我们的学术视野，可以提高我们对不同观点的认识。而我们对现实世界问题认识的提高，不但可以作为教学案例，而且还能为我们的研究提供信息、指明方向。

当我们通过理事会会议、商会会议、当地社区成员会议、讨论当地相关议题的公开会议和具有政治动机的演讲者集会等方式跟现实世界建立联系时，我们就能意识到公众对悬而未决的某个关键问题的理解深度。我们还能了解他们（和我们）对某个问题的误解有多深、多广。我们可以纠正自己对特定问题重要性的误解，改变我们的研究重心，这样我们要么可以将研究重新转移到当下更加相关的问题，要么强化我们的认识，即需要改进知识的传播，而不是假新闻。

如果我们坐在办公室里，就会错过这些知识传播的机会，创建的理论模型可能跟现实世界的关联度极其有限。

跟现实世界联系可以使我们产生影响。当然，影响不只是跟这些非学术群体联系，而是由于你跟这些群体联系带来的改变。联系是带来改变的必要条件，但还不够，因此不联系就不会带来改变。联系和影响之间会有时间差，联系之后不一定马上会带来影响（如果有影响的话）。

有时候，改变会在最不经意间出现。衡量影响是有问题的。想象一下，在不知道本生灯会加热容器中的液体的情况下，将本生灯放在一个容器下面；如果是这样，那么我们就不会用温度计来测量温度变化。类似地，如果你无法事先猜测你的知识交流在现实世界中的影响，那么你就不会去衡量事前事后参数的变化。衡量影响是一项重要但是具有挑战性的活动。

学术带头人要帮助同事对参与现实世界互动可能带来的影响进行二次评估。他们应该提醒同事有哪些注意事项，如何衡量任何变化。这需要技能、知识和经验，对于创造有影响力的科研评估往往非常宝贵。

92. 外部互动和知识交流

如果你想用自己的研究为社会带来良性改变，那么你就要跟利益攸关方和政策制定者打交道。跟这些群体交流知识，能促进推动社会进步的知识转移。这就要求你跟政策制定者打交道，跟他们交流知识，鼓励他们制定并改进政策，为人们的生活带来积极改变。它还能使你支持你所在的社区。经济与社会研究理事会将知识交流定义为：研究者和研究用户之间思想、研究证据、经验和技能的双向交换。

交流思想能为学者和学者知识的用户带来好处。作为学者，我们往往会重视自己的知识，意识到利益攸关方和政策制定者在设定议程或者推动议程向正确方向发展时可以使用我们的知识。但是，我们可能不一定会优先考虑在学术群体之外传播该知识。

资浅学者有时候无法意识到这些知识交流能带来巨大个人利益。我们将自身的观点传达给利益攸关方和政策制定者后，就能检验知识，确定知识是新的还是旧的，贡献到底是实质性的还是纯学术性的，知识是否受到尊重并被接受，并且/或者我们对世界的分析和理解是否遗漏了重要内容。政策制定者和利益攸关方可以告知学者自己知道的信息，也许能填补学者知识的盲点。相比较之下，政策制定者和利益攸关方可能会从包括细微差别在内的学术知识中受益，以及从全球元分析研究中受益。政策制定者和利益攸关方还十分擅长发现新问题，供学者们思考。根据我的经验，这些问题往往是特定情形中的案例，说明政策在什么情况下可能不会带来我们预想的结果，或者说明其他拟议政策在实施过程中会遇到哪些实际障碍。

学者应该优先考虑这类能为社会带来最多积极影响的知识交流。进行知识交流能让你确定自己跟谁交流最有效，同时增加你对知识交流最有效沟通方式的了解。跟利益攸关方和政策制定者频繁交流能创造开展互惠性活动的机会，例如分发和分析成员的调查问卷来加深了解，接触参与者以增加不同数据采集项目的样本量，跟更广泛的社会群体交流的场合，以及利益攸关方和政策制定者对你的教学模块提供接地气的演讲的机会。

学术带头人应该多跟政策制定者互动。他们为了造福社会，应该已经在跟非学术群体交换知识、深化互动。学术带头人的其中一项职责，是为同事打开大门，从而深化院系成员跟利益攸关方和政策制定者的互动。

93. 研究实际、有用的问题

毋庸置疑，学术性、理论性、高雅性的研究肯定占有一席之地。但是，更为紧迫的是，我们的研究应该推动政策发展，跟当今社会和减少社会困境高度相关。

你在现实世界中产生影响的能力，取决于你从事切实可行的相关研究的能力。你如果待在象牙塔里，跟社会脱节，那么就很难对社会产生积极影响。我们都应该抽空从事跟社会存在直接关联的实际研究，而且我们有很多方面有待提高。

要记住的另外一点是，很多积极的政策建议只有在权力和金钱的加持下才能够实施。开展切实可行的研究可能意味着，不能从政策中直接受益的人可能会反对你的分析和随后的政策建议。

但是，如果你的研究对社会上的大多数人极其重要，如无家可归者、穷人、无永久居所或被社会排斥的人，那么你就需要发声，让自己的声音被听见，相信自己的所作所为对社会有益。无论何时你认为自己有好建议，而且会带来积极改变，都要鼓起勇气发声。

学术带头人可能随时需要为同事提供支持，鼓励他们研究现实世界问题。他们可能也需要支持那些被有能力、动机和资源破坏优质学术研究的权势者暗中使坏的同事。保持相互支持、积极参与的学术文化，可以使我们勇敢地努力做出有益的改变。

94. 了解你的研究有哪些用途

想象自己善意地开展并完成了研究，以最高的诚意和责任完成工作，并且提供了自认为清晰简洁的报告。你意识到自己的研究取决于数据质量，它往往是样本内分析，取决于具体情境。你这样解释结果，告诫机构在推广结果适用范围时要小心。

遗憾的是，外部资助机构脱离情境解释研究结果的情况屡见不鲜。他们甚至有可能拓展你信息的解释范围，这样知识就会被误解，并用来支持你自己在伦理上和道德上完全反对的政策。要小心注意：你的研究可能被用来证实让你感到不安的内容！

有些机构想要让可信的学者撰写报告，用来支持他们的政策决定。但是，他们可能不会告诉你是哪些政策决定，或者你的报告会用作哪些目的。他们的政策决定可能跟你提供的结果一致，但是你的结果不一定指向那个政策决定，反而可能指向一系列其他政策建议，包括一些道德上更加可取的政策建议。

留意新闻和其他社交媒体，试图想象你的报告会被怎样使用。务必在这些文件中加入声明，清楚说明你的报告的意思，确保这些声明澄清你不支持自己不想产生关联的特定政策建议。

你有可能成为资助机构游戏里的棋子，你成了傀儡，使他们能够满足他们的议程，加强他们的主张。你的价值观跟他们的价值观必须保持一致，否则就会产生焦虑和压力，并导致你怀疑，假如同行认为你支持了某项令社会反感的政策的话，他们会怎么看待你？

随着我们工作的深入开展，我们越来越意识到体制层级、权力在完成某项策略中的作用，以及名声的重要性。一些学者只想为自己所在的学术机构创造收入来源，增加自己的晋升机会，也有学者只优先从事能显著改善政策和社会发展方向的研究领域。大多数学者都处于这两个极端之间（部分是无意识的）。

尽管学术界的结构性压力推动我们完成创收型合约，但是我们需要确保对自己行动的结果感到满意，包括我们不经意间参加的活动。因此，关键是要提高对我们通常会忽略的因素的认识，而这可以通过与可能感兴趣的、往往存在竞争的各方讨论来实现。

让同事了解资助机构名声的最新变化，是成功完成合约和维持部门的名声的关键。负面新闻报道、不利的政策、声誉不佳的事件以及对社会各阶层产生不利影响的复杂情况，都值得我们思考和反思，从个人和职业的角度考虑你是否愿意与该组织产生联系。

学术带头人需要确保同事对有关声誉的信息有足够的了解，并有能力做出反应，尤其是因为这反映了院系和大学的声誉。重要的是，我们要支持道德上有价值的事物，这可能意味着拒绝跟我们理念不符的外部资助机会，即使这会导致错过晋升机会。更重要的是，你要维护自己的声誉，在道德层面对自己正在做的工作及其可能的用途感到放心。

95. 从事无报酬 / 回报的志愿活动

一些机构没有财力支持你的研究，或者付费让你为他们做研究。如果你有强烈的道德动机支持他们的目的和目标，那么你无论如何都应该考虑利用你的时间、精力和专业知识支持他们的愿景。

即使机构并未付费让你为他们工作，为那些你认为对社会做出重要贡献、价值观跟你一致的机构工作，你也能从中获得极大满足感。你可以从自己的工作中得到发表论文的机会，甚至能为科研评估撰写有影响力的案例研究。

通常情况下，无偿工作会提高研究人员的声誉。因为人们认识到工作是以善意的方式进行的，而且研究人员认识到并重视经济收益以外的东西。从事这种类型的志愿工作可能需要很多时间，但一旦工作完成，你可能会获得无与伦比的满足感。

但是，不要为不付报酬的机构做太多的志愿工作，因为这会让你落下愿意免费干活的名声。机构可能会在有钱购买你服务的情况下，要求你免费为他们工作。如果你集中所有精力提供支持、时间和专业知识做出崇高且有价值的贡献，那么你花在能让你晋升的其他领域上的时间就会遭到蚕食。

晋升，尤其是晋升到正教授，会为你带来两方面好处：首先，你的履历会更加光鲜，意味着人们会更愿意倾听你的意见，这在你尝试支持某项事业时会有用。其次，晋升往往会使你的时间更加灵活（例如离开教学岗位），而这也同样会让你为自己相信而且能提供帮助的事业不停地做出更加实际的贡献。

当我还是一名初级员工时，我认识的一名学术带头人为一家全球性非政府环保组织工作。我很欣慰地看到学术带头人在为那家组织提供专业知识，因为很明显，他们认为彼此的价值观存在很强的相似性。这个例子在我职业生涯早期就告诉我，我们可以努力在社会上做好事，积极运用我们的学术知识。这对于初级员工来说是一个绝佳案例，但是令我惊讶的是，很少有人知道这项出色的工作，因为它真的让我对那位学术带头人大为赞赏。

96. 证明你促使他人改变了行为

研究评估通常要求你证明，你已经用影响力案例研究对社会的一部分做出了改变。证明你对政策制定者或者社会的其他方面产生了实质性影响可能是个巨大的挑战，尤其是你需要衡量干预前后的情况，以生成可衡量的证据。最佳实践是确保你在进行任何干预之前有一套基准指标。

当你产生重要、可衡量的影响，而且其他人能看见你的影响规模时，那么他们可能也想让你对他们的机构产生可衡量的积极影响。你的影响力越强，他们就越愿意付钱让你产生影响力。影响力的声誉越高，对如何创造影响力的了解越多，就越能将影响力传递给你真正想帮助的组织，使其变得更好。你如果没有影响力证据，人们会认为你没多大影响力，因此会优先跟其他学者联系和接触。当你开始创造自己的业绩记录时，你就会遇到更多的机会。

影响力通常只是由机构来衡量，因此可能是有问题的。也许机构无论如何都会做出改变，只是需要你提供证据证明改变的正确性。有时候，你希望在某个领域做出贡献，但是却在另一个意想不到的领域产生了影响，因此无法提供可衡量的证据，因为你没有在那个领域创建基准衡量标准。

重要的是，你可以衡量自己的工作和贡献。这可能意味着要花大量时间衡量最初情形，以创造基准线。如果你不太可能在该领域做出贡献的话，这种努力可能看起来相当乏味。但是，花时间创建数据基准可以让你证明研究的影响力，在以后试图证明你的研究产生的影响时可以节省大量时间。

学术带头人可以利用自己的经验帮助并指导同事确定衡量影响力的基准领域。学术带头人应该能够对横向思考过程做出贡献，从而指出资浅研究者在考虑如何衡量影响力时可能未想到的领域。类似地，通常情况下，资浅研究者也能想到在资深研究者可能未想到的领域来衡量影响力。因此，在举行头脑风暴会议时，不同资历的同事之间公开、批判性和支持性的互动至关重要，目的是确定该寻找什么，如何衡量影响力。

97. 跟非学术群体 / 政策制定者合作

一些学者有意或无意（至少在某种程度上）跟现实世界脱节。有时候，我们可以远离现实，专注于我们的抽象理论模型。尽管学者们可能相对比较擅长理论知识，但是我们往往可能不太擅长全面理解背景因素。

要想了解背景因素，最好是去问当地政策制定者，政务委员会委员，商会，市民咨询局工作人员，出租车司机，街上的大众。你合作的人员类别取决于你调查的主题。跟非学术群体合作可以鼓励你反思不同的问题，使你学会识别学术上有趣的微妙差别，这些差别可能使理论预期和实践脱节。这些机会也能激励你将这些细微差别和反思写成文章，传播给其他人。

我们只有全面理解某个情形，才能产生影响力、增强理解并对社会做出贡献。但是，人们对不同问题的优先顺序和促进作用有不同的看法。要理解一系列真实或想象的广泛问题，最好是出去问人，跟受影响最大的人群讨论问题，跟负责改变政策的人员交谈。

但是，难点在于，你要确保自己在正确的时间点跟正确的人打交道，而且那些人应该是特定群体的代表性人物。例如，要理解人们为何投票赞同或反对英国脱欧，最好的方式就是出门问他们。你可能不理解或不同意某些论点，但是你的任务就是了解他们对该问题的看法，无论这种看法是真实的还是想象的。

你跟非学术群体和政策制定者互动的根本原因，当然是增进自己的理解，向相关的政策制定者提供自己的知识，刺激、指导或建议对社会做出积极改变。即使你未能成功支持改变，将这些挑战写出来供他人阅读，也完全有可能增加辩论和理解的深度，从而为未来做出改变奠定基础。

这些类型的机会总是存在，也许多到你参与不过来。如果你的确看到了机会，但是意识到自己不是抓住机会的最佳人选，那么适当的做法是通知可能对这类参与感兴趣的同事。毕竟，假如他们留意到可能对你有益的机会时，你也希望他们通知你，对吧？

这些类型的参与也许要花很多时间，而且最初也许没有多少方向。行动研究要求你将自己放入情境当中，设身处地去理解问题，从而带来变革。这可能真的十分具有挑战性，也可能令人沮丧，但是也可能带来回报，刺激你对重要问题的理解实现质的飞跃，使你能够对学术界做出新的理论或经验贡献。与非学术界人士和政策制定者接触，可以使你在某种类型的学习中脱颖而出，而你的很多同事可能会避免这类学习，或者不将其放在优先位置，因为他们不了解这样做可能带来的好处，或者还没准备好走出舒适区，跟非学术群体互动。

一些传统学术带头人不理解跟非学术群体和政策制定者互动的重要性，也许因为这跟很多人所接受的培训不符。但是，在当今越来越看中影响力和知识交流的学术环境下，这类互动不可避免地会成为常态，学术带头人需要积极鼓励学者跟非学术群体和政策制定者互动。

98. 你的研究的相关性和影响将不断发展、扩大和缩小

研究课题对政策制定者的重要性可能会随着时尚的发展而变化：特定研究流派的相关性会时有时无。一些课题似乎在政策领域存在太长时间了，如优先考虑生产率数据[1]，而另一些课题的优先级似乎一直被置于次要地位，例如有针对性地降低失业率。

如果你的研究课题经常出现在核心期刊上，那么你是幸运的。但是，如果你的同事认为你的研究课题可能不足以发表在核心期刊上，那么你就需要做出选择。你要么等到你的同事和政策制定者对你的研究课题感兴趣时再发表，要么你可以研究其他存在紧密关联的课题，或者你就要接受现实：你的研究课题可能对你来说十分有趣，但是对其他人来说目前不一定那么有趣。请放心，你的研究会引起某人的兴趣，随着时间的推移，你的研究的兴趣和相关性会以意想不到的方式发生改变。

同伴效应强烈地影响着我们所有人的行为，影响着我们在特定时间内认为重要的事情，影响着我们在特定环境中的行为，影响着我们优先考虑的事情。虽然你也许能有效地向政策制定者和利益攸关方传达你工作的重要性，但他们是否能转换思维，认同你工作的重要性，不仅取决于你自身论证的力度，还取决于他们的职能固定性。在新的发展环境中，要有足够的灵活性认识到新事物的重要性，确实需要非凡的思维敏捷性，而大多数人的思维似乎都在沿着之前的道路发展。把对问题的重要性的心理认识转

换到新的道路上既不寻常，又十分困难。

因此，我们对世界产生积极影响的能力，受限于我们用论证打动同侪的能力。你的绝佳观点不被政策制定者或者利益攸关方采纳可能不是你的错。我曾经会见过资深政策制定者，他们全面了解到我论证的力量，愿意将我的观点全面纳入政策制定中。但是，他们被更加资深、更加难以接近的同事束缚住了手脚，而这些同事往往有特定的思维和行动方式，并且在过去的情境中（在同伴面前）已被证明十分成功。幸运的是，在另外一些时候，人们想要找到新的创新型想法来解决问题。他们可能在寻找新想法来摆脱极度贫困的境地，或者他们感兴趣只是因为他们有空从事前沿研究。

你与政策制定者和利益攸关方接触的机会会随着时间的推移而变化，这不仅是因为你的研究被认为是相关的和直接的，还因为他们有足够的空间来思考、反思和优先考虑你向他们推荐的重要工作。即使你能够做出良性改变，这个知识交流过程也可能不会立即产生影响，而且任何影响都可能不会长时间持续。产生影响的机会可能会增加或减少，通常跟你之前的名声和经验存在联系，但也可能通过口碑推荐来实现。你可能需要发展自身的技能，或者改变你跟外部世界的互动方式。

学术带头人要十分了解向政策制定者提出的任何学术建议的重要性和优势的演变。他们在推广自己的变革理念时也会亲自体验这种演变。他们还需要留意特定研究领域的流行趋势和机会，而且应该让相关同事留意这些领域。

学术带头人应该优先探索跟同事研究领域密切相关的研究资助机会，无论他们自己对这些领域的认识、欣赏和了解程度如何。这项活动十分耗时，而且往往在工作量模型中不受认可。但是，尽早了解可能存在的新型外部资助研究机会，对于获得先发优势和产生影响至关重要。

■ 注释

1. 请参考Webber, D. J. (2020), “Firm-level productivity in two-dimensions”, Working Paper, University of Sheffield。

99. 推广你的研究结果

如果你的研究揭示了让你的直接同行和其他学者及商务人士感兴趣的内容，那么就积极考虑将研究消息发表在报纸或杂志上，如《对话》(*The Conversation*）或《经济学人》(*The Economist*）或者全国性媒体。

如果你的研究成果得以发表，那么全世界的人都可能读到它，并且读者群体不再局限于你的直接学科。有效宣传能使你接触广泛受众，提升你的知名度。这些都会扩大你对政策制定者的潜在影响力。

通过媒体宣传获得影响力能创建知识交流功能，将你置于更高的平台，这样人们就更清楚地看到你的研究。那些喜欢你的研究和主张的人会注意到你，并想要跟你合作。有效宣传甚至可能吸引外部资助机构联系你为他们开展一些工作。

大声宣布。

巴拉巴斯和杰里特（Barabas and Jerit，2009）强调，媒体报道对特定政策知识的增长超过了许多其他因素[1]。媒体报道的好处显而易见，而且往往是积极的。那么，为何很少有学者跟媒体打交道，以提升自身研究的知名度呢?

我想，学者跟媒体打交道不足，背后的原因因人而异。一些同行认为，他们的研究已经向前发展，因此会优先考虑新领域。一些同行认为，他们的主要受众是其他学者，普通大众不会对他们的研究感兴趣。也有同行认为，媒体如果对他们的研究感兴趣的话，就有责任跟他们联系。还有同行不重视跟媒体打交道的好处，而且这会使很多同行远离舒适区。

吸引对你研究最感兴趣的人，是获得知名度和影响力的前提，为了你的研究和社会的潜在利益，应该优先考虑。

大多数大学都跟媒体有联系，要么间接地通过代理机构联系，要么直接通过大学里的某个人（或团队）联系。大学十分清楚媒体曝光的好处，并且会强调正在进行的研究的重要性和相关性。结识这些媒体人。学术带头人应该在媒体倡导者和学术界同行之间开辟沟通渠道，鼓励他们推广自己的研究。第一步是开展媒体培训，让同行能自如地跟不同类型的媒体直接打交道。

■ 注释

1. Barabas, J. and Jerit, J. (2009), "Estimating the causal effects of media coverage on policy-specific knowledge", *American Journal of Policy Science*, 53(1), pp. 73–89.

100. 跟媒体打交道

学者可以接触很多新闻媒体（例如报纸、广播、电视、杂志），但是很少有学者会跟他们经常沟通。其中一个原因可能是，他们担心自己的观点被误解或者歪曲。另一个原因可能是，学者意识到他们只能在有限的版面上用清晰准确的语言来描述复杂的观点，而这段文字远远不够。还有一个原因是，学者会被问到跟他们自身研究兴趣不相关或者他们不了解的问题，显得他们很愚蠢。

尽管这些担忧真实存在，但是用正确的方式跟媒体打交道，能为我们的研究带来巨大的好处，因为它能成倍扩大受众的规模。你可以参加媒体培训活动，增强自己跟媒体对话时的自信心。

我曾经参加过一些媒体培训活动，每次都能学到新知识。部分原因可能是，媒体培训师的背景都略有不同：一些人接受过广播培训，一些人接受过电视录制培训，也有人是电视直播方面的专家。这些领域的培训知识你永远学不完，每个人都能为你提供指导和培训，从而增强你接受采访时的自信心。参加一些媒体培训吧，它不仅有趣，还能让你安心，相信自己没问题，没必要担心。

大胆一些，抓住时机。

确保你的研究被社会所理解，可以为人们赋能，拓展他们对特定话题的看法。在跟媒体打交道时，你可以将这种经历理解为自己身处不同的教育情境中。例如，你可以将其视为一场在线课程，可以进行大众传播。

跟媒体互动能提升你对社会的影响力，让更多人了解你的大学院系和你与你直接同事从事的高度相关的研究。此外，它可以减少你认为有误导性或错误的竞争性观点的影响，或对其提出质疑。

你不仅可能打动未来的学生，从而增加学生人数，还可能吸引人们联系你，让你为他们工作。当其他媒体意识到你跟媒体打交道，尤其是当他们认为你会说出有意思的内容时，你可能会获得更多机会。

无论何时你有新东西想说，比如它最近被同行评审过的期刊接收过，就可以考虑联系对你的研究领域感兴趣的报纸和杂志。

一旦你有信心，并训练了你的热情，使你作为一个鼓舞人心的研究人员出现在听众面前，就可以参与广播节目。一旦你有了足够的经验，也许还能参加电视节目。当我在 2013 年首次参加媒体培训课程时，机构给了我一本书，第 12 页的内容让我记忆犹新：

> 记者对你或你的信息并不感兴趣。他们唯一感兴趣的是好故事。所以，务必要为他们提供他们可以使用的有趣内容。[1]

确保你知道自己想要推广的故事。了解你想要传达的信息。提供你希望提供的录音片段，并练习避开其他一切。

学术带头人应该鼓励他们的所有同事（无论经验是否丰富）参加媒体培训和互动。他们越早参加这类培训，就会越早在媒体面前感到自在。这并不意味着学术带头人应该频繁跟媒体打交道，而是应该意识到一旦他们的同事决定跟媒体打交道，他们可能会从中受益。学术带头人没必要坚持参加此类媒体互动，但在相关和有益的情况下为同事提供机会，是可信和有用的学术带头人应该做的事情。

■ 注释

1. Carter, M. (2012), *Handling the Media*, Mentor Press.

结 语

我在会议上以及与许多其他同事的频繁交谈中认识到，一些学者在工作中遇到的问题使他们士气低落和沮丧，他们认为这些问题削弱了他们发挥潜力的能力。而其他同事对他们的工作场所给予的支持和提供的设施赞不绝口，他们的个人动机和成就往往有目共睹。这些对话和看似相关的成就差异促使我思考，学术界可以做些什么来支持学者并帮助所有学者实现其潜力。我开始思考，那些同事想保留哪些成功的举措，又想实施和采用哪些举措来改善一些院系的学术文化，从而使更多学者实现其研究潜能。我开始记下这些对话，以便今后反思对话内容，但我发现自己整理的对话内容如此之多，以至于意识到这些问题并不罕见。实际上，我意识到有足够的问题和相应举措支撑我写作本书。

本书汇编了这些评论、讨论和反思，其中一些观点和举措是个人层面的，而另外一些则是部门甚至机构层面的。我希望通过这次有关认知、反思和举措的讨论开启更广泛的对话——我们该如何更加积极地支持社会科学领域的研究者实现潜能，创造更多优质研究成果。本书汇集了一些值得考虑采纳的观点，以在个人层面和系 / 院 / 机构层面带来积极改变。本书没有介绍一个深入研究项目的结果，旨在确定特定政策的动态影响以加强研究，所有观点仍有待讨论；但是本书的确呈现了一系列举措，那些已经采用或希望采用这些举措的人认为它们是有效的。

前言中的一些基本背景说明了在进行建设性批判的同时，还需要保持文明和支持的态度。本书提出了 10 部分（每部分 10 个建议）可以帮助学者们在研究活动中获得成功的技巧。本书的主要目的，是鼓励我们反思集体和个人可以如何在研究活动中取得更大进展。它强调，如果我们为了共同利益合作，就能取得更大成就，以互惠的方式向同事提供支持和批评性反馈，使我们能够更快取得更大的成就。协作氛围鼓励同事为了院系的利益而相互支持（而非竞争），从而激发（而非扼杀）更多的个人和集体横向思考，可能会为整个经济带来更多创新。

本书提供了叙述基础——我们要想提高研究质量，就需要同事的支持，而且我们要：

（1）对自身的研究负责。

（2）以公平、安抚、富有同情心的方式关心并支持同事。

（3）积极主动地为我们部门的生活做出贡献，并努力使其成为所有参与者都能愉快地和非对抗性地工作的场所。

（4）为同事的研究提供建设性批评反馈，推动他们的研究发展。

（5）成为好公民，对我们各部门的同事给予帮助，慷慨解囊。

提供支持不仅仅是指提醒人们正在从事高质量研究。在这种背景下，支持是一种有利的特性，即建设性批评对方的工作，从而激发和鼓舞我们进行更多、更高质量的研究。建设性批评能提供具体的启发性和鼓励性的反馈，旨在提高另一个人的工作质量，这类反馈能积极鼓励进一步的调查和反思。在支持性文化中，建设性反馈不会误导、贬低或阻碍他人的工作，使他人士气低落、受轻视或气馁。

我在本书中提到，在一种让人感到安全、相互尊重和支持的文化中工作，让我们感觉自己能突破界限和犯错，犯错不会被嘲笑，反而会因为有动力去充满活力地、正直地探索某条未知的道路而受到祝贺，这样的文化会创造更多创新型研究，培养更多成功的研究者，而他们自身的工作满意度也会更高。没有了恐惧的束缚，确保在做正确的事情时会得到支持，这样会激励我们从事详细的和反思型的研究，能让我们取得更多实质性研究成果。这样一种文化由学术带头人或资深员工创造，并被认可这种工作方式的同事强化。在文明的、表现优异的学术部门中，没有人搞破坏，不存在煤气灯效应，也不用担心遭到报复。

我在本书中汇集了技巧、想法和经验，希望唤起人们的意识：我们只要遵守一些以文明互动和相互尊重为基础的社区规则，就可以有目的地集体提高社区研究成果的质量和数量。为群体服务免不了有人做出牺牲，学术带头人应该有足够的效率，腾出时间和空间，以利他的方式支持同事。这不是一个存在赢家和输家的情形（团队赢，学术带头人输），而是双赢；如果院系的形象得到提升，那么学术带头人的形象也会得到提升。学术带头人如果自私自利，那么就会失去同事的支持，最优秀的同事就会离开部门。

所有大学都应该具备产生、维持和鼓励创新和创造力的环境。我希望本书能为一些院系带来积极改变，使他们能够培养或深化积极的扶持性研究文化。

祝大家好运！

致　谢

针对我们的学术群体

该项目刚开始是为了反思我们改善学术世界的集体能力。这些年来，我跟各所大学的朋友、同事和熟人进行过无数次非正式聊天，一些人认为他们的学校令人泄气和沮丧，而另一些人则认为学校拥有充满热情、相互支持和赋能的文化氛围。前者认为他们的研究活动是件苦差事，而后者则认为，研究是幸福的源泉，是他们十分希望从事的事情。

我想知道是什么造成了这些认知上的差异。它们是因人而异吗？每所大学里的个人认知相同吗？例如，高等院校可能是学者们通过抱怨事情来增进感情的地方，而这种抱怨又滋生了一种有利于研究的学术氛围。当我跟个人谈论起积极和消极认知后，我才开始意识到，他们都想要多维的事物。他们想要：

- 持续对研究提供高度评价
- 因研究对学术界有价值的内容而受到认可
- 研究文化要让他们感觉能实现自身潜能
- 从学术带头人那里获取支持
- 消极同事的影响被压制

这些朋友、同事和熟人提出了诸多看似不起眼的，但可能会对他们自身生产力、效率和工作满意度带来巨大好处的举措。本书整理了他们鼓舞人心的观点和我自己的一些看法。我希望本书能推动关于学术研究文化的对话，以利于所有人。

我最想感谢我各所院校的朋友、同事和熟人，他们（直接、自信、坦率和 / 或公开地）为我提供了他们的见解、想法、指导和建议，开诚布公地分享他们最深层的沮丧和感受。我希望大家能理解，我在本书中并未列举所有人的名字。我十分感谢他们对这个项目的付出，否则本书就无法完成。

我还要感谢 Takara Christina、Sienna Mae、Naveena Prakasam、Annie Tubadji 和 Gail Webber 对早期版本提供的灵感和 / 或意见。本书的一切错误均由我本人负责。

“进阶书系”—— 授人以渔

在这个信息爆炸的时代，高校大学生在学习知识的同时，更应了解并练习知识的生产方法，要从知识的消费者成长为知识的生产者，以及使用者。而成为知识的生产者和创造性使用者，至少需要掌握三个方面的能力：

思考的能力：逻辑思考力，理解知识的内在机理；批判思考力，对已有的知识提出质疑。

研究的能力：对已有的知识、信息进行整理、分析，进而发现新的知识。

写作的能力：将发现的新知识清晰、准确地陈述出来，向社会传播。

但目前高等教育中较少涉及这三种能力的传授和训练。知识灌输乘着惯性从中学带到了大学。

有鉴于此，“进阶书系”围绕学习、思考、研究、写作等方面，不断推出解决大学生学习痛点、增进方法论水平的教育产品。读者将可以通过图书、电子书、在线音视频课等方式，学习到更多的知识内容。

我们将努力为以学术为志业者铺就一步一步登上塔顶的阶梯，帮助在学界之外努力向上的年轻人提高解决实际问题的能力，成为行业翘楚。